精雕细琢
Photoshop 2025 建筑表现技法

姜杨　编著

机械工业出版社
CHINA MACHINE PRESS

本书详细讲解了使用 Adobe Photoshop 2025 中文版进行建筑表现的方法和技巧。全书共分 3 篇，第 1 篇是基础篇，介绍了建筑效果图后期处理的基本知识、Photoshop 2025 建筑表现基础及常用工具和命令，为后面章节的学习奠定基础；第 2 篇是进阶篇，介绍了建筑配景原则与合成技巧、建筑后期处理基本技法，以最简单的步骤教读者完成单个元素的处理；第 3 篇是实战篇，以实际工程案例，详细讲解了彩色户型图、建筑立面图、彩色总平面图的制作，以及室内效果图、透视效果图、鸟瞰效果图、特殊效果图后期处理方法和相关技巧。本书技术新颖、内容实用，是长期耕耘在效果图表现领域一线工作人员的经验和智慧的结晶。此外，本书配套资源内容丰富，提供了全书所有实例的素材和最终 PSD 文件、720 分钟的高清语音视频教学，以及大量人物、植物、汽车、建筑、喷泉、水面、天空等后期处理相关素材。

本书可作为建筑、园林等领域的设计人员的参考书，也可作为高等院校建筑、园林等相关专业的教材，还可供图像爱好者阅读。

图书在版编目（CIP）数据

精雕细琢：Photoshop 2025 建筑表现技法 / 姜杨编著. -- 北京：机械工业出版社，2025．9．-- ISBN 978-7-111-78999-4

Ⅰ. TU201.4

中国国家版本馆 CIP 数据核字第 2025UT1405 号

机械工业出版社（北京市百万庄大街 22 号　邮政编码 100037）
策划编辑：黄丽梅　　　　　　责任编辑：黄丽梅　王春雨
责任校对：樊钟英　张亚楠　　封面设计：马精明
责任印制：张　博
北京铭成印刷有限公司印刷
2025 年 9 月第 1 版第 1 次印刷
184mm×260mm · 13.75 印张 · 349 千字
标准书号：ISBN 978-7-111-78999-4
定价：99.00 元

电话服务　　　　　　　　　网络服务
客服电话：010-88361066　　机　工　官　网：www.cmpbook.com
　　　　　010-88379833　　机　工　官　博：weibo.com/cmp1952
　　　　　010-68326294　　金　书　网：www.golden-book.com
封底无防伪标均为盗版　　　机工教育服务网：www.cmpedu.com

前 言

随着计算机技术的不断发展,其所涉及的领域越来越广泛,传统的建筑表现领域也不例外。应用计算机作为处理平台,对建筑渲染图形进行后期处理与表现,不仅处理速度快,修改方便,便于输出和保存,而且可以结合艺术的手法,使建筑美感得到更进一步的表达和提升,将建筑设计者的设计初衷表现得淋漓尽致。

作为 Adobe 公司最新推出的优秀图形图像处理软件,Photoshop 2025 不但功能强大,而且可操作性好,通过与 AutoCAD 和 3ds Max 紧密配合,可以制作出各种建筑图像,模拟真实场景进行效果表现,倍受建筑设计师们青睐。

【本书特色】

为了系统、全面、深入讲解 Photoshop 在建筑表现中的应用,我们编写了本教程。本书注重理论和实践相结合,并非长篇理论的堆砌,而是通过大量典型的实例,步骤详尽地介绍各个建筑效果图的制作过程,在学习的同时,积累宝贵的经验。本书与其他书籍相比,具有以下特点:

❑ **案例齐全　新增 AI 功能**

全书包含了将近 50 个实例,涵盖了后期处理中的大部分案例类型。将 AI 功能运用到实例制作中,事半功倍。

❑ **技术专业　实例商业**

本书中的案例全部为实际工作中的商业作品,处理和制作手法也完全为商业工作模式,具有技术实用、效果专业的特点,为读者提供了全面的商业设计范本,完全可以应用到实际工作中去。

❑ **讲解深入　系统全面**

本书是一本案例教程,穿插技术分析和理论讲解,深入阐述了 Photoshop 进行建筑表现的各种技术和方法,分门别类地对后期处理中常出现的建筑效果图表现类型的制作方法进行了实例讲解。

❑ **步骤详尽　通俗易懂**

本书以手把手的方式详尽介绍了各种建筑图像的表现技术,即使是 Photoshop 初学者也可以一步一步地制作出相应的效果,特别适合自学使用。

❑ **资源丰富　物超所值**

为了方便读者学习,本书的配套资源收录了书中所有实例的高分辨率素材和最终效果 PSD 文件。此外,本书还提供了大量后期处理素材,可以快速创建自己的素材库。配套资源可扫描下方二维码根据提示下载。

【本书作者】

本书由吉林师范大学新闻与传播学院姜杨编著。由于作者水平有限，书中错误、疏漏之处在所难免。在感谢您选择本书的同时，也希望您能够把对本书的意见和建议告诉我们。

作者邮箱：lushanbook@gmail.com

读者 QQ 群：518885917。

编者

2025 年 7 月

目录

前言

第 1 篇　基础篇

第 1 章　建筑效果图后期处理的基本知识 ……………………………………… 2
1.1 建筑效果图制作流程 ………………………………………………………… 3
1.1.1 创建模型 ……………………………………………………………… 3
1.1.2 调配材质 ……………………………………………………………… 3
1.1.3 设置灯光和摄影机 …………………………………………………… 3
1.1.4 渲染与 Photoshop 后期处理 ………………………………………… 4
1.2 Photoshop 在后期处理的作用 ………………………………………………… 4
1.2.1 修改效果图的缺陷 …………………………………………………… 5
1.2.2 调整图像的色彩和色调 ……………………………………………… 5
1.2.3 添加配景 ……………………………………………………………… 5
1.2.4 制作特殊效果 ………………………………………………………… 5
1.3 建筑效果图的构图 …………………………………………………………… 5
1.3.1 平衡 …………………………………………………………………… 5
1.3.2 统一 …………………………………………………………………… 6
1.3.3 比例 …………………………………………………………………… 6
1.3.4 节奏 …………………………………………………………………… 7
1.3.5 对比 …………………………………………………………………… 7
1.4 如何学习后期处理 …………………………………………………………… 8
1.4.1 建筑效果图后期处理的学习方法 …………………………………… 8
1.4.2 建筑效果图后期处理的注意事项 …………………………………… 8

第 2 章　Photoshop 2025 建筑表现基础 ……………………………………… 9
2.1 Photoshop 2025 的工作界面 ………………………………………………… 10
2.1.1 Photoshop 2025 工作界面简介 ……………………………………… 10
2.1.2 了解菜单栏 …………………………………………………………… 12
2.1.3 了解工具箱 …………………………………………………………… 14
2.1.4 了解工具栏 …………………………………………………………… 15
2.1.5 了解面板 ……………………………………………………………… 16
2.1.6 了解状态栏 …………………………………………………………… 17

2.2　Photoshop 2025 在建筑表现中的应用 ········ 18
2.2.1　室内彩色户型图 ········ 18
2.2.2　彩色总平面图 ········ 19
2.2.3　建筑立面图 ········ 19
2.2.4　建筑透视效果图 ········ 20

2.3　Photoshop 2025 新功能 ········ 21
2.3.1　AI 工具 ········ 21
2.3.2　性能优化 ········ 21
2.3.3　跨平台协作与云同步 ········ 21

第 3 章　常用工具和命令 ········ 22

3.1　图像选择工具 ········ 23
3.1.1　图像选择工具的分类 ········ 23
3.1.2　圈地式选择工具 ········ 23
3.1.3　颜色选择工具 ········ 25
3.1.4　路径选择工具 ········ 28

3.2　图像编辑工具 ········ 30
3.2.1　橡皮擦工具 ········ 30
3.2.2　加深和减淡工具 ········ 30
3.2.3　图章工具 ········ 31
3.2.4　修复工具 ········ 31
3.2.5　文字工具 ········ 33
3.2.6　裁剪工具 ········ 34
3.2.7　抓手工具 ········ 35
3.2.8　创成式填充工具 ········ 35

3.3　图像选择和编辑命令 ········ 36
3.3.1　颜色范围命令 ········ 36
3.3.2　调整边缘命令 ········ 38
3.3.3　图像变换命令 ········ 40
3.3.4　色调调整命令 ········ 44
3.3.5　使用调整图层 ········ 48
3.3.6　调整画笔工具 ········ 52

3.4　建筑效果图的颜色调整 ········ 53
3.4.1　纯色调色 ········ 53
3.4.2　亮度 / 对比度调色 ········ 54
3.4.3　曲线调色 ········ 56
3.4.4　色相 / 饱和度调色 ········ 58
3.4.5　色彩平衡调色 ········ 59
3.4.6　照片滤镜调色 ········ 60

第 2 篇　进阶篇

第 4 章　建筑配景原则与合成技巧 ·· 64

4.1　建筑配景及其使用原则 ·· 65
- 4.1.1　建筑配景的定义 ·· 65
- 4.1.2　建筑配景添加原则 ·· 65
- 4.1.3　建筑配景的添加步骤 ·· 66
- 4.1.4　收集配景的途径 ·· 67

4.2　配景自然合成技巧 ·· 67
- 4.2.1　透视和消失点 ·· 67
- 4.2.2　远近距离的表现 ·· 70
- 4.2.3　配景色彩搭配 ·· 72
- 4.2.4　光影的表现 ·· 72
- 4.2.5　光线的统一 ·· 73

第 5 章　建筑后期处理基本技法 ·· 75

5.1　立竿见影——影子处理技巧点拨 ·· 76
- 5.1.1　直接添加影子素材 ·· 76
- 5.1.2　使用影子照片合成 ·· 78

5.2　天空不空——天空处理技巧点拨 ·· 78
- 5.2.1　直接添加天空背景素材 ·· 78
- 5.2.2　巧用渐变工具绘制天空 ·· 79
- 5.2.3　合成法让天空富有变化 ·· 82

5.3　绿林年华——绿篱处理技巧点拨 ·· 82

5.4　惟妙惟肖——岸边处理技巧点拨 ·· 83

5.5　层峦耸翠——山体处理技巧点拨 ·· 83

5.6　千姿百态——假山瀑布处理技巧点拨 ·· 84

5.7　流光溢彩——喷泉叠水处理技巧点拨 ·· 84
- 5.7.1　喷泉的制作 ·· 84
- 5.7.2　叠水的制作 ·· 86

5.8　绿树成荫——树木调色和搭配技巧 ·· 86
- 5.8.1　树木颜色调整 ·· 86
- 5.8.2　树木受光面的表现方法 ·· 87
- 5.8.3　种植行道树 ·· 88
- 5.8.4　植物修剪处理 ·· 88

5.9　一米阳光——光线效果表现 ·· 89
- 5.9.1　画笔绘制光束效果 ·· 89
- 5.9.2　制作镜头光晕效果 ·· 89
- 5.9.3　动感模糊绘制穿隙效果 ·· 90

5.10　霓虹闪烁——霓虹灯制作技巧点拨 ·· 90

5.10.1	外置画笔绘制霓虹灯	90
5.10.2	图层样式制作发光字	91

5.11 人来人往——人物配景添加技巧点拨 91

第 3 篇 实战篇

第 6 章 彩色户型图制作 94

6.1 从户型图中输出 EPS 文件 95
- 6.1.1 添加 EPS 打印机 95
- 6.1.2 打印输出 EPS 文件 95

6.2 室内框架的制作 96
- 6.2.1 打开并合并 EPS 文件 96
- 6.2.2 墙体的制作 97
- 6.2.3 窗户的制作 98

6.3 地面的制作 98
- 6.3.1 创建客厅地面 99
- 6.3.2 创建餐厅地面 102
- 6.3.3 创建过道地面 103
- 6.3.4 创建其他区域的地面 103

6.4 室内模块的制作和引用 104
- 6.4.1 制作客厅家具 104
- 6.4.2 制作餐厅家具 110
- 6.4.3 制作其他区域的家具 110

6.5 添加绿色植物 111

6.6 最终效果处理 111
- 6.6.1 添加墙体和窗阴影 112
- 6.6.2 添加文字和尺寸标注 112
- 6.6.3 裁剪图像 113

第 7 章 建筑立面图制作 114

7.1 输出建筑立面 EPS 图形 115

7.2 制作立面墙体 115
- 7.2.1 栅格化 EPS 文件 115
- 7.2.2 制作填充图案 116
- 7.2.3 创建墙体 117

7.3 制作窗户和门 120
- 7.3.1 创建窗户和门 120
- 7.3.2 制作窗框和门框 121
- 7.3.3 制作窗户投影 121

7.4 制作阳台 124

	7.4.1 制作阳台立柱、围栏及其投影	124
	7.4.2 制作阳台栏杆	124
7.5	制作屋顶	125
7.6	制作其他立面部分	125
	7.6.1 制作层间线	125
	7.6.2 制作大门和雨篷	126
	7.6.3 制作其他部分	126

第 8 章 彩色总平面图制作 128

8.1	总平面图的制作流程	129
	8.1.1 AutoCAD 输出平面图	129
	8.1.2 各种模块的制作	129
	8.1.3 后期合成处理	129
8.2	花园住宅小区总平面图	129
	8.2.1 在 AutoCAD 中输出 EPS 文件	129
	8.2.2 栅格化 EPS 文件	130
	8.2.3 划分层次	130
	8.2.4 添加图例	136
	8.2.5 制作铺装	137
	8.2.6 制作水面	140
	8.2.7 制作玻璃屋顶	143
	8.2.8 制作草地	143
8.3	月亮岛旅游区大型规划总平面图	144

第 9 章 室内效果图后期处理实战 145

9.1	家装效果图后期处理	146
	9.1.1 把握室内效果图的颜色	146
	9.1.2 为室内效果图添加配景	150
	9.1.3 别墅客厅后期处理综合实例	151
9.2	工装效果图后期处理	160
	9.2.1 餐厅包间后期处理	160
	9.2.2 酒店大堂效果图后期处理	161

第 10 章 透视效果图后期处理 162

10.1	别墅周边环境表现	163
	10.1.1 大范围调整——添加天空、水面	163
	10.1.2 局部刻画——添加植被、树木	166
	10.1.3 调整	180
10.2	小区环境设计与表现	180
10.3	现代花架设计与表现	181
10.4	公园景观设计与表现	181

| 10.5 | 私人别墅周边环境表现 | 182 |

第 11 章　鸟瞰效果图后期处理　183

11.1	住宅小区鸟瞰效果图后期处理	184
	11.1.1　草地处理	185
	11.1.2　路面处理	188
	11.1.3　制作水面	190
	11.1.4　制作背景	191
	11.1.5　种植树木	192
	11.1.6　给水面添加倒影	195
	11.1.7　制作周边环境	195
11.2	遗址景观鸟瞰效果图后期处理	196

第 12 章　特殊效果图后期处理　198

12.1	特殊效果图表现概述	199
12.2	夜景效果图表现	200
	12.2.1　分离背景并合并通道图像	200
	12.2.2　墙体材质调整	202
	12.2.3　窗户玻璃材质调整	205
	12.2.4　添加配景	206
	12.2.5　最终调整	207
12.3	雪景效果图表现	209
	12.3.1　素材合成法制作雪景效果图	209
	12.3.2　快速转换制作雪景效果图	209
12.4	雨景效果图表现	210

第1篇 基础篇

第 1 章
建筑效果图后期处理的基本知识

　　随着建筑表现日趋成熟，分工也越来越细化。一些专业的效果图公司已经将效果图制作分为前期建模、渲染和后期处理三道工序。前期建模主要是使用 3ds Max 软件制作建筑模型并赋予材质、布置灯光，然后渲染输出为位图文件。由于 3ds Max 软件渲染出来的图像并不完美，需要通过后期处理来弥补一些缺陷并制作环境配景，以真实模拟现实空间或环境，这一过程就是后期处理工作，通常需要在 Photoshop 中完成。后期处理决定了效果图的最终表现效果的艺术水准。

　　本章简单介绍了建筑效果图的制作流程和色彩、构图等基本知识，使读者对透视效果图后期处理有一个清晰的了解和认识，为后面的深入学习打下良好的基础。

1.1 建筑效果图制作流程

建筑效果图制作是一门综合的艺术，它需要制作者能够灵活运用 AutoCAD、3ds Max、Photoshop 等软件。绘制效果图大致可以分为创建模型、调配材质、设置灯光和摄影机、渲染与 Photoshop 后期处理等操作步骤，其中前面几个阶段主要在 3ds Max 中完成，最后一个阶段则在 Photoshop 中完成。下面简要介绍各工作阶段的主要任务，以便读者快速了解整个建筑效果图制作流程。

1.1.1 创建模型

所谓建模，就是指根据建筑设计师绘制的平面图和立面图，使用 3ds Max 的各类建模工具和方法建立建筑物的三维模型，它是效果图制作过程中的基础阶段。

由于建筑设计图一般使用 AutoCAD 绘制，该软件在二维图形的创建、修改和编辑方面较 3ds Max 更为简单直接。因此在 3ds Max 中建模时可以选择【文件】|【导入】命令，导入 AutoCAD 的平面图，然后再在此基础上进行编辑，从而快速、准确地创建三维模型，这是一种非常有效的工作方法。

如图 1-1 所示为创建的别墅模型。

1.1.2 调配材质

建模阶段只是创建了建筑物的形体，要表现真实感，必须赋予它适当的建筑材质。3ds Max 提供了强大的材质编辑能力，任何希望获得的材质效果都可以实现。"材质编辑器"是 3ds Max 的材质"制作工厂"，从中可以调节材质的各项参数和观看材质效果。

需要注意的是，材质的表现效果与灯光照明是息息相关的，光的强弱决定了材质表现的色感和质感。总之，材质的调配是一个不断尝试与修改的过程。

如图 1-2 所示为赋予材质后的别墅效果。

图 1-1　创建的别墅模型

图 1-2　赋予材质后的别墅效果

1.1.3 设置灯光和摄影机

灯光与阴影在建筑效果图中起着非常重要的作用。建筑物的质感通过灯光得以体现，建筑物的外形和层次需要通过阴影进行刻画。只有设置了合理的灯光，才能真实地表现建筑的结构、刻画出建筑的细节，突出场景的层次感。

在处理光线时一定要注意阴影的方向问题，在一张图中肯定不止用一盏灯光，但通常只把一盏聚光灯的阴影打开，这盏灯就决定了阴影的方向，其他灯光只影响各个面的明暗，所以一定要保证阴影方向与墙面的明暗一致。

在 3ds Max 中制作的建筑是一个三维模型，它允许从任意不同的角度来观察当前场景，通过调整摄影机的位置，可以得到不同视角的建筑透视图，如立面效果图、正视图、鸟瞰图等。在一般的建筑效果图制作中，大多都将摄影机设置为两点透视关系，即摄影机的摄像头和目标点处于同一高度，距地面约 1.7 米，相当于人眼的高度，这样所得到的透视图也最接近人的肉眼所观察到的效果。

图 1-3 所示为添加了灯光和阴影的别墅效果图。

1.1.4 渲染与 Photoshop 后期处理

渲染是 3ds Max 中的最后一个工作阶段。建筑主体的位置、画面的大小、天空与地面的协调等都需要在这一阶段调整完成。在 3ds Max 中调整好摄影机，获得一个最佳的观察角度之后，便可以将此视图渲染输出，得到一张高清晰度的建筑图像。

经 3ds Max 直接渲染输出的图像，往往画面单调，缺乏层次和趣味。这时就可以发挥图像处理软件 Photoshop 的特长，对其进行后期加工处理。在这一阶段中，整体构图是一个非常重要的概念，所谓构图，就是将画面的各种元素进行组合，使之成为一个整体，就建筑效果图来说，要将形式各异的主体与配景统一成整体，首先应使主体建筑较突出醒目，能起到统领全局的作用；其次，主体与配置之间应形成对比关系，使配景在构图、色彩等方面起到衬托作用。

图 1-4 所示为后期处理完成后的别墅效果图。

图 1-3　添加了灯光和阴影的别墅效果图

图 1-4　后期处理完成后的别墅效果图

1.2　Photoshop 在后期处理的作用

从建筑效果图制作流程可以看出，Photoshop 的后期处理在整个建筑效果图的制作中有着非常重要的作用，三维软件所做的工作是提供一个可供 Photoshop 修改的简单"粗坯"，只有经过 Photoshop 的处理后，才能得到一个逼真的场景，因此它绝不亚于前期的建模工作。

由于后期处理是效果图制作过程最后一个步骤，所以它的成功与否直接关系到整个效果图制作的成败，它要求操作人员具有深厚的美术功底，能把握住作品的整体灵魂。总结 Photoshop 在建筑效果图后期处理中的操作步骤和具体应用，大致可归纳为以下几个方面。

1.2.1 修改效果图的缺陷

当场景复杂、灯光众多时，渲染得到的效果图难免会出现一些小的缺陷或错误，如果再返回 3ds Max 重新调整，既费时又费力，这时完全可以发挥 Photoshop 的特长，使用修复工具或颜色调整工具，轻松修改模型或由于灯光设置所生成的缺陷。这也是效果图后期处理的第一步工作。

1.2.2 调整图像的色彩和色调

调整图像的色彩和色调，主要是指使用 Photoshop 的"亮度/对比度""色调/饱和度""色阶""色彩平衡""曲线"等颜色、色调调整命令对图像进行调整，以得到更加清晰、颜色色调更为协调的图像，这是效果图后期处理的第二步工作。

1.2.3 添加配景

上面已经提到，3ds Max 渲染输出的图像，是效果图的一个简单"粗丕"，场景单调、生硬，缺少层次和变化，只有为其加入天空、树木、人物、汽车等配景，整个效果图才显得活泼有趣、生机盎然，这些工作也是通过 Photoshop 来完成的，这是效果图后期处理的第三步工作。

1.2.4 制作特殊效果

比如制作光晕、光带，绘制水滴、喷泉，渲染为雨景、雪景、手绘效果等，以满足一些特殊效果图的需要。

1.3 建筑效果图的构图

不同的美术作品具有不同的构图原则。对于建筑效果图来说，基本上应遵循平衡、统一、比例、节奏、对比等原则。

1.3.1 平衡

所谓平衡，是指空间构图中各元素的视觉重量给人稳定的感觉。不同的形态、色彩、质感在视觉传达和心理上会产生不同的重量感觉，只有不偏不倚的稳定状态，才能产生平衡、庄重、肃穆的美感。

平衡有对称平衡和非对称平衡之分。对称平衡是指画面中心两侧或四周的元素具有相等的视觉重量，给人安全、稳定、庄严的感觉。非对称平衡是指画面中心两侧或四周的元素比例不等，但是利用视觉规律，通过大小、形状、远近、色彩等因素来调节构图元素的视觉重量，从而达到一种平衡状态，给人新颖、活泼、运动的感觉，如图 1-5 所示。

例如，相同的两个物体，深色的物体要比浅色的物体感觉上重一些；表面粗糙的物体要比表面光滑的物体显得重一些。

图 1-5　对称平衡与非对称平衡构图的建筑效果图

1.3.2　统一

　　统一是美术设计中的重要原则之一，制作建筑效果图时也是如此，一定要使画面拥有统一的思想与格调，把所涉及的构图要素运用艺术的手法创造出协调统一的感觉。

　　这里所说的统一，是指构图元素的统一、色彩的统一、思想的统一和氛围的统一等，如图 1-6 所示。统一不是单调，在强调统一的同时，切忌把作品推向单调。

　　例如，有时为了获得空间的协调统一，可以借助正方形、圆形、三角形等基本元素，使不协调的空间得以和谐统一，或者也可以使用适当的文字进行点缀。

图 1-6　协调与统一的建筑效果图

1.3.3　比例

　　在进行效果图构图时，比例问题也是很重要的，主要包括两个方面：一是造型比例，二是构图比例。

　　对于效果图中的各种造型，不论其形状如何，都存在着长、宽、高的度量。这三个方向上的度量比例一定要合理，物体才会给人以美感，如图 1-7 所示。

图 1-7　比例合理的建筑效果图

例如，制作一座楼房的室外效果图，其中长、宽、高的比例就很重要，只有长、宽、高之间的比例设置合理，效果图看起来才逼真。实际上，在建筑和艺术领域有一个非常实用的比例关系，那就是黄金分割——1∶1.618，这对于制作建筑造型具有一定的指导意义。当然，不同的问题还要结合实际情况进行不同的处理。

1.3.4　节奏

节奏体现了形式美。在效果图中，将造型或色彩以相同或相似的序列重复交替排列可以获得节奏感。自然界中有许多事物，例如：人工编织物、斑马纹等，由于有规律地重复出现，或者有秩序地变化，给人以美的感受。

在现实生活中，人类有意识地模仿和运用自然界中的一些纹理，创造出了很多有条理性、重复性和连续性的美丽图案。节奏就是有规律的重复，各空间要素之间具有单纯的、明确的、秩序井然的关系，使人产生匀速有规律的动感，如图 1-8 所示。

图 1-8　建筑效果图的节奏

1.3.5　对比

有效地运用任何一种差异，通过大小、形状、方向、明暗及情感对比等方式，都可以引起观者的注意。在制作效果图时，应用最多的是明暗对比，这主要体现在灯光的处理技术上，如图 1-9 所示。

图 1-9 建筑效果图的对比

1.4 如何学习后期处理

1.4.1 建筑效果图后期处理的学习方法

建筑效果图的后期处理并没有什么太深奥的技术，后期制作的水平在很大程度上取决于制作者的艺术修养，也可以说是艺术感觉。提高艺术修养或艺术感觉是个复杂的过程，除了需要了解一些基础理论外，还要多看、多想和多练。

多看，指的是多观察优秀的作品。艺术是相通的，除了多观察优秀的建筑效果图作品，还可以通过多观察优秀的摄影作品、优秀的绘画作品等来提高自身的审美水平。多想，指的是对于优秀的作品加以分析，总结作者在作品中是如何运用基础理论的，找到可以借鉴的部分。多练指的是勤加练习，多将自己的想法和心得应用于工作实践中。如果能坚持这样做，那么经过一段时间的积累，必然能使制作水平达到一个新的高度。

1.4.2 建筑效果图后期处理的注意事项

建筑效果图为了表现特定的气氛和意境，必须使主体建筑融入一个真实可信的环境中。要烘托主体建筑，恰当地处理配景环境和主体建筑的关系，并使画面具有美的感染力，这正是后期处理所要做的工作。

在后期处理过程中，除了主体建筑外，还应对自然风貌、相邻建筑、城市绿化、汽车、行人以及广场等市政设施做妥善处理。在制作时应注意以下几方面。

- 环境配景和主体建筑要协调，环境配景尽量贴近现实环境，从而给人真实感、可信感。
- 配景的设置要与主体建筑的功能一致，例如住宅街坊，要有宁静舒适的氛围；工厂厂房应当有欣欣向荣的气氛；园林景观则应当有优美的自然景观等。
- 充分利用配景衬托建筑的外轮廓，以突出主体建筑。
- 建筑配景，如云、水、树、人、车等，都可以用来丰富画面，但是要注意不可罗列太多，以防喧宾夺主。
- 配景的布置和造型应从画面的整体形式美考虑。比如云和树冠的轮廓应避免与建筑的外轮廓重复；云的走向应避免与建筑的主要走向平行；行人车辆应避免均匀布置等。

第 2 章

Photoshop 2025 建筑表现基础

作为专业的图像处理软件，Photoshop 一直是建筑表现的主力工具之一。无论是建筑平面图、立面图制作，还是透视效果图后期处理，都可以看到 Photoshop 的身影。Photoshop 图像处理功能的强大，是许多同类软件所不能媲美的，目前已经成为建筑表现专业人士的首选。

本章主要介绍 Photoshop 2025 的工作界面以及它在建筑表现中的应用，使读者对 Photoshcp 有一个大概的了解和认识。

2.1 Photoshop 2025 的工作界面

在学习任何一个软件之前，对其工作环境进行了解都是非常有必要的，这对后面顺利地进行工作具有极其重要的作用。本节将对 Photoshop 2025 的工作环境进行讲解，同时还会介绍在新版本中新增的界面功能以及一些常规的操作。

2.1.1 Photoshop 2025 工作界面简介

运行 Photoshop 2025 软件，选择【文件】|【打开】命令，打开一张图片后，就可以看到类似于如图 2-1 所示的工作界面。

图 2-1 Photoshop 2025 的工作界面

如图 2-1 所示，Photoshop 2025 的工作界面由菜单栏、工具栏、工具箱、面板、状态栏、图像窗口等几个部分组成。

下面简单讲解界面的各个构成要素及其功能。

1．菜单栏

Photoshop 2025 的菜单栏包含了【文件】、【编辑】、【图像】、【图层】、【文字】、【选择】、【滤镜】、【视图】、【增效工具】、【窗口】和【帮助】菜单，如图 2-2 所示。通过运用这些命令，可以完成 Photoshop 中的大部分操作。

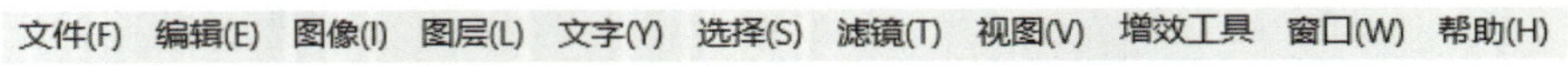

图 2-2 Photoshop 菜单栏

2. 工具箱

工具箱位于工作界面的左侧，如图 2-3 所示，是 Photoshop 2025 工作界面重要的组成部分。工具箱中共有上百个工具可供选择，使用这些工具可以完成绘制、编辑、观察、测量等操作。

3. 工具栏

在工具箱中选择一个工具，工具栏就会显示相应的选项，方便对当前所选工具的参数进行设置。工具栏显示的内容随选取工具的不同而不同。例如选择"套索工具"按钮 ，就可以在选项栏中显示与之对应的各项参数设置，如图 2-4 所示。

工具栏是工具功能的延伸与扩展，通过设置工具栏中的参数，不仅能够有效增加工具在使用中的灵活性，而且能够提高工作效率。

图 2-3　工具箱　　　　　　　　　　　　　图 2-4　工具栏

4. 面板

面板是 Photoshop 的特色界面之一，默认位于工作界面的右侧。它们可以自由地拆分、组合和移动。通过面板，可以对 Photoshop 图像的图层、通道、路径、历史记录、动作等进行操作和控制。

如图 2-5 所示为"颜色""色板""渐变""图案"面板组合的效果。如图 2-6 所示为"图层""通道""路径""属性"面板组合的效果。

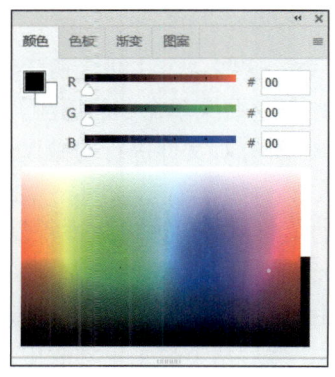 

图 2-5　面板组合 1　　　　　　　　　　　图 2-6　面板组合 2

5. 状态栏

状态栏位于工作界面的底部，显示用户鼠标指针的位置以及与用户所选择的元素有关的提示信息，如当前文件的显示比例、文件大小等内容，如图2-7所示。

图 2-7　Photoshop 状态栏

6. 图像窗口

图像窗口是Photoshop显示、绘制和编辑图像的主要操作区域。它是一个标准的Windows窗口，可以进行移动、调整大小、最大化、最小化和关闭等操作。图像窗口的标题栏中，除了显示有当前图像文档的名称外，还显示有图像的显示比例、色彩模式等信息。

技巧

Photoshop 2025提供4种界面颜色方案。选择【编辑】|【首选项】|【界面】命令，打开【首选项】对话框，在其中选择颜色方案，如图2-8所示。按Ctrl+K快捷键可以快速打开【首选项】对话框。

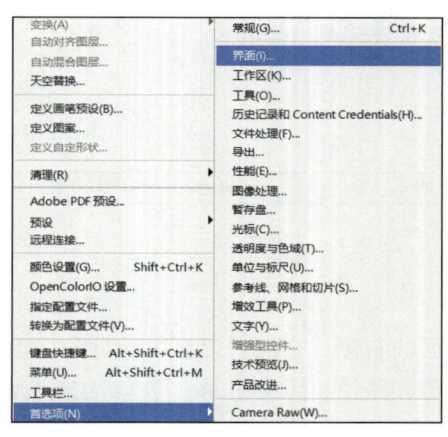
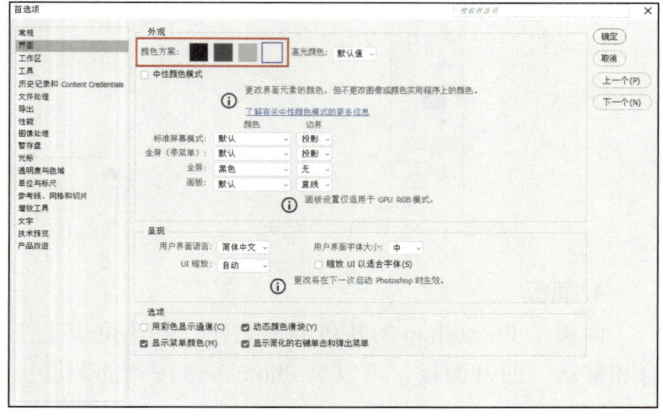

图 2-8　选择颜色方案

2.1.2　了解菜单栏

菜单栏分门别类地放置了Photoshop的大部分操作命令。这些命令往往让初学者感到眼花缭乱，但实际上我们只要了解每一个菜单的特点，就能够掌握这些菜单命令的用法。

例如【文件】菜单是一个集成了文件操作命令的菜单，所有对文件进行的操作命令，例如【新建】、【页面设置】等命令，都可以在该菜单中找到并执行。

又如【编辑】菜单是一个集成了编辑类操作的命令的菜单，所以如果要进行复制、剪切、粘贴、选择性粘贴等操作，可以在此菜单下选择相应的命令。

掌握了菜单的不同功能和作用后，在查找命令时就不会茫然不知所措，能够快速找到所需的命令。需要使用某个命令时，首先单击相应的菜单名称，然后从下拉菜单列表中选择相应的命令即可。

提示 一些常用的菜单命令右侧显示有该命令的快捷键，如图 2-9 所示。有意识地熟记一些常用命令的快捷键，有利于加快操作速度、提高工作效率。【曲线】命令的快捷键为 Ctrl+M，在键盘上按下 Ctrl+M 键，可以快速打开【曲线】对话框。

 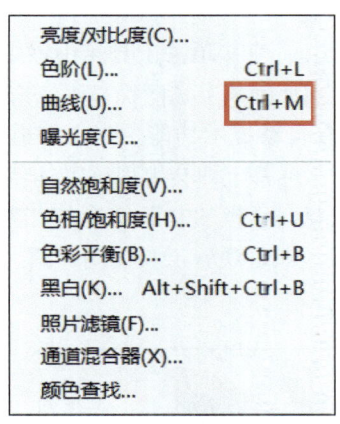

图 2-9　显示快捷键

在 Photoshop 中，某些命令从属于一个大的菜单项，本身又具有多种变化或操作方式。为了使菜单组织更加有效，Photoshop 使用了子菜单模式，如图 2-10 所示。此类菜单命令的共同点是在右侧有一个黑色的小三角形。

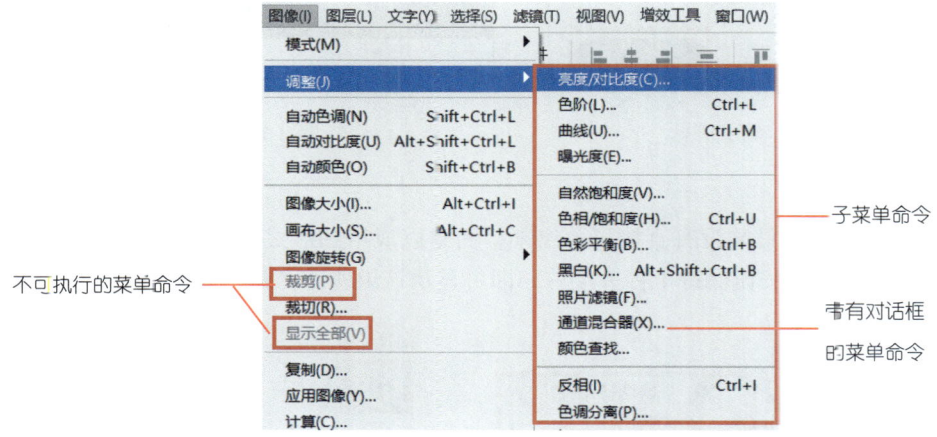

图 2-10　具有子菜单的菜单

许多菜单命令有一定的执行条件，当命令不能执行时，菜单命令为灰色，如图 2-10 所示。例如对 CMYK 模式的图像而言，许多滤镜的命令不能执行。要执行这些命令，读者必须清楚这些命令的执行条件。

在 Photoshop 中，多数菜单命令执行后会弹出对话框。在这些对话框中设置对应的参数，才可以得到用户所需要的效果。此类菜单的共同点是名称后带有省略号"…"，如图 2-10 所示。

2.1.3　了解工具箱

工具箱是 Photoshop 处理图像的"兵器库"，包括选择、绘图、编辑、文字等多种工具。随着 Photoshop 版本的不断升级，工具的种类与数量在不断增加，同时更加人性化，使操作更加方便、快捷。

1. 查看工具

要使用某种工具，直接单击工具箱中该工具图标，将其激活即可。通过工具图标，可以快速识别工具种类。例如画笔工具图标是画笔形状，橡皮擦工具图标是一块橡皮擦的形状。

Photoshop 具有自动提示功能。当不知道某个工具的含义和作用时，将光标放置于该工具图标上 2 秒钟左右，屏幕上即会出现该工具名称及操作快捷键的提示信息，如图 2-11 所示。

在工具提示信息对话框的右下角单击"观看快速视频"按钮，打开视频窗口，如图 2-12 所示。单击播放按钮，即可观看工具使用介绍。用户可以按照介绍进行设置、操作，了解工具的使用方法。

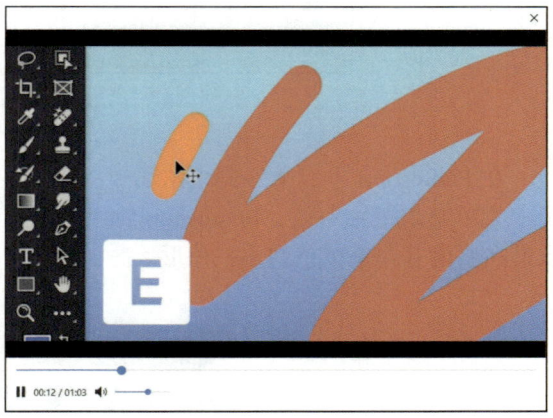

图 2-11　显示信息　　　　　图 2-12　视频窗口

2. 显示隐藏的工具

工具箱中的许多工具并没有直接显示出来，而是以成组的形式隐藏在右下角带小三角形的工具按钮中。按下三角按钮保持 1 秒钟左右，即可显示该组所有工具，如图 2-13 所示。

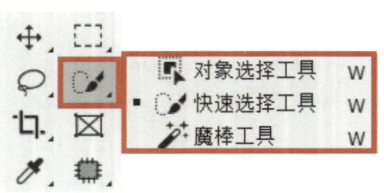
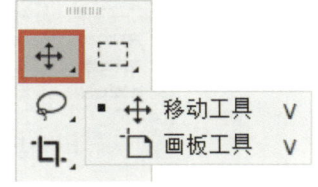

图 2-13　显示隐藏的工具

此外，用户也可以使用快捷键来快速选择所需的工具。例如，移动工具的快捷键为 V，按下 V 键可以选择移动工具。按 Shift + 工具组快捷键，可以在工具组之间快速切换工具。例如按 Shift + G 快捷键，可以在油漆桶和渐变之间切换。

3. 切换工具箱的模式

Photoshop 工具箱有双列和单列两种模式，如图 2-14、图 2-15 所示。单击工具箱顶端的按钮，可以在单列和双列两种模式之间切换。当使用单列模式时，可以有效节省屏幕空间，使图像的显示区域更大，以方便用户的操作。

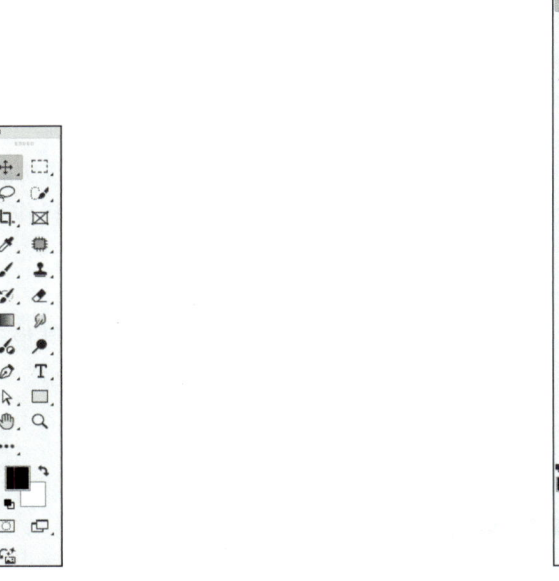

图 2-14　双列模式 　　　　　　　　图 2-15　单列模式

2.1.4　了解工具栏

工具栏用来设置工具的参数。选择不同的工具时，工具栏中的选项内容也会随之改变。如图 2-16 所示为选择裁剪工具时，选项栏显示的内容。如图 2-17 所示为选择仿制图章工具时，选项栏显示的内容。

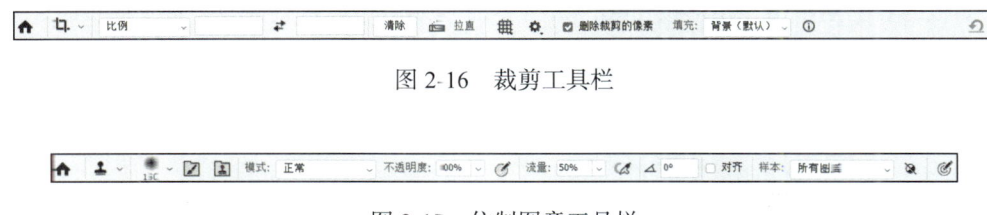

图 2-16　裁剪工具栏

图 2-17　仿制图章工具栏

1. 显示 / 隐藏工具栏

执行【窗口】|【选项】命令，选择"选项"，如图 2-18 所示，在工作界面中显示工具栏。取消选择"选项"，工具栏被隐藏。

2. 移动工具栏

单击并拖动工具栏最左侧的按钮，可以移动它的位置，如图 2-19 所示。

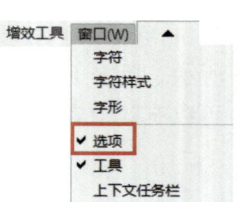 

图 2-18 选择选项 　　　　　　　　图 2-19 单击按钮

2.1.5　了解面板

面板作为 Photoshop 必不可少的组成部分，增强了 Photoshop 的功能并使其操作更为灵活多样。大多数操作高手能够在很少使用菜单命令的情况下完成大量操作任务，就是因为面板具有强大的功能。

1. 选择面板

如图 2-20 所示为 Photoshop 默认显示的【色板】面板。要打开其他的面板，可以选择【窗口】菜单命令，在弹出的菜单中选择相应的面板选项，如图 2-21 所示。

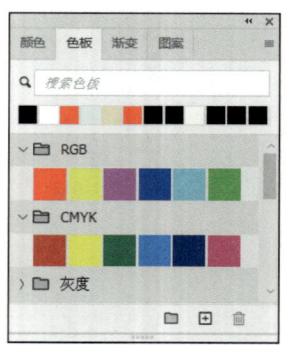 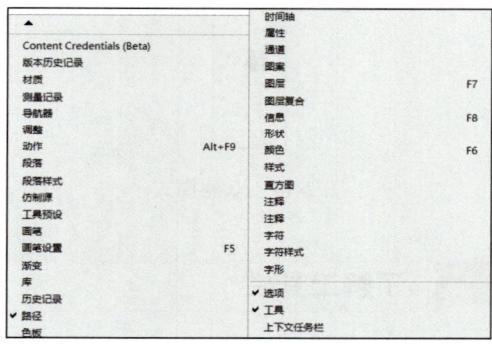

图 2-20　【色板】面板　　　　　　　图 2-21　【窗口】菜单

2. 展开和折叠面板

在面板的右上角单击三角形按钮，如图 2-22 所示，可以折叠面板。折叠面板时，显示为图标状态，如图 2-23 所示。

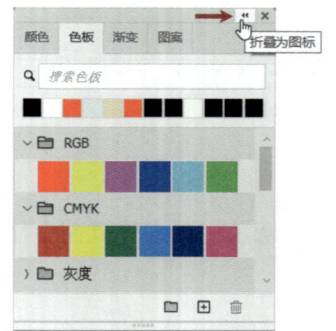 

图 2-22　单击按钮　　　　　　　　图 2-23　折叠面板

折叠面板时，单击面板组中的面板图标，可以展开该面板，如图 2-24 所示。展开面板后，再次单击面板图标，又可以将其折叠。

3. 拉伸面板

将光标移动至面板底部或左右边缘，当光标显示为 ↕ 或 ↔ 形状时，按住鼠标左键不放，上下或左右拖动光标，可以拉伸面板，如图 2-25 所示。

图 2-24　展开面板

图 2-25　拉伸面板

4. 面板菜单

面板菜单包含了当前面板的各种命令。例如，执行【导航器】面板菜单中的【面板选项】命令，可以打开"面板选项"对话框，如图 2-26 所示。

 提示　在任意面板上右击，打开如图 2-27 所示的快捷菜单。选择【关闭选项卡组】命令，可以关闭当前的面板群组。选择【折叠为图标】命令，可以将面板组最小化为图标。选择【自动折叠图标面板】命令，可以自动将展开的面板最小化。

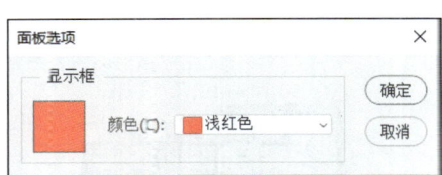

图 2-26　【面板选项】对话框

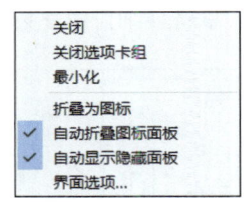

图 2-27　快捷菜单

2.1.6　了解状态栏

状态栏位于图像窗口的底部，显示图像的测量比例、文档尺寸、当前工具等信息。单击状态栏中的 > 按钮，打开如图 2-28 所示的快捷菜单，在菜单中设置在状态栏中显示的内容。

 技巧　在状态栏上单击，可以查看图像信息，如图 2-29 所示。

Photoshop 2025 建筑表现技法

图 2-28　快捷菜单　　　　　　　　　　　图 2-29　查看图像信息

2.2　Photoshop 2025 在建筑表现中的应用

总结 Photoshop 在建筑表现中的应用，大致可以分为以下 5 个方面：制作室内彩色户型图、制作彩色总平面图、制作建筑立面图、制作建筑透视效果图。

2.2.1　室内彩色户型图

随着建筑行业的发展，新的居住方式与新的户型层出不穷，这一切都需要通过户型图来向人们展示。如图 2-30 所示为 AutoCAD 绘制的户型线框图，它不但表现出了整套户型的结构，还标示了各房间的功能和家具的摆放位置，缺点是过于抽象、不够直观。

图 2-31 为使用 Photoshop 在图 2-30 的基础上进行加工处理的结果，不同功能的房间使用不同的图案进行填充，并添加了许多具有三维效果的家具模块，如床、沙发、椅子、盆景、桌子、电脑等，由于它是形象、生动的彩色图像，因而整个图像效果逼真，极具视觉冲击力。

本书的第 6 章将详细讲解室内彩色户型图的制作方法。

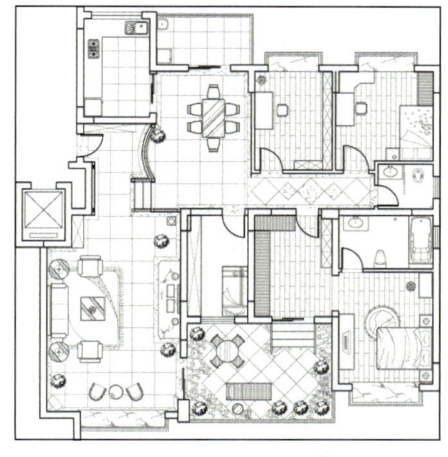

图 2-30　AutoCAD 绘制的户型线框图　　　图 2-31　Photoshop 制作的室内彩色户型图

2.2.2 彩色总平面图

所谓总平面图，是指将新建工程一定范围内的新建、拟建、原有和拆除的建筑物、构筑物连同其周围的地形、地物状况用水平投影方法和相应的图例所画出的图样，如图 2-32 所示为某小区总平面图。

总平面图一般使用 AutoCAD 进行绘制，由于使用了大量的建筑专业图例符号，非建筑专业人员一般很难看懂。而如果在 Photoshop 中进行加工处理，对总平面图进行填色，添加树、水等图形模块，便深奥、晦涩的总平面图变成形象、生动、浅显易懂的彩色图像，可以大大方便设计师和客户之间的交流，如图 2-33 所示。

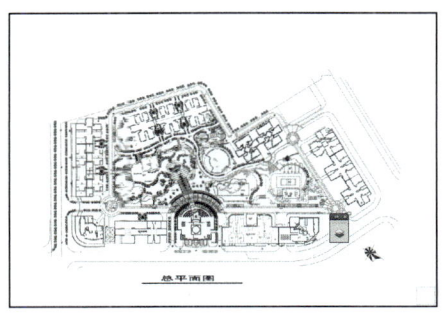

图 2-32 某小区总平面图

图 2-33 在 Photoshop 中进行加工处理

在工程开工之前，毫无建筑理论知识的购房者，就可以了解整个住宅小区的概貌和规划，并从中挑选自己中意的位置和户型。

2.2.3 建筑立面图

与总平面图不同，建筑立面图主要用于表现一幢或某几幢建筑的正面、背面或侧面的建筑结构和效果。传统的建筑立面图都是以单一的颜色填充为主要手段，今天的建筑设计师们已经不再满足那种简单生硬的表达方式了。

与总平面图制作类似，制作建筑立面图首先在 AutoCAD 中绘制出建筑立面线框图，如图 2-34 所示，然后打印输出。接着使用 Photoshop 填充颜色、砖墙图案并制作投影，最后添加人物、树、天空、草地、汽车等各类配景，最终效果如图 2-35 所示。

图 2-34 AutoCAD 绘制的建筑立面线框图

图 2-35 Photoshop 处理后的建筑立面图

建筑立面图可以生动、形象地表现建筑的立面效果，其特点是制作快速、效果逼真，而不必像建筑透视效果图一样必须经过 3ds Max 建模、材质编辑、设置灯光、渲染输出等一系列繁琐的操作步骤和过程。

2.2.4 建筑透视效果图

建筑透视效果图是当前最常用的建筑表现方式之一。建筑透视效果图分为两种，一种是表现建筑外观的室外效果图，如图 2-36 所示；另一种是表现室内装饰装潢效果的室内效果图，如图 2-37 所示。

图 2-36　表现建筑外观的室外效果图

图 2-37　表现室内装饰装潢效果的室内效果图

制作建筑透视效果图时，需要 AutoCAD、3ds Max、Photoshop 配合使用。

AutoCAD 精于二维绘图，对二维图形的创建、修改、编辑比 3ds Max 更为简单直接。因而可以使用 AutoCAD 创建精确的二维图形，再输入到 3ds Max 中进行编辑修改，从而快速、准确地创建三维模型。

3ds Max 是优秀的三维动画制作软件，具有强大的三维建模、材质编辑和动画制作功能。在创建建筑模型后，可以渲染得到任意角度的建筑透视效果图。

Photoshop 主要负责建筑透视效果图的后期处理。众所周知，任何一幢建筑都不是孤立存在的，但在处理环境氛围与配景时 3ds Max 就显得有些力不从心，而这恰恰是 Photoshop 等平面处理软件的强项。对建筑图像进行颜色和色调上的调整，加入天空、植物、人物等配景，最终得到一幅生动逼真的建筑透视效果图。

2.3　Photoshop 2025 新功能

Adobe Photoshop 2025 升级更新，主要集中在 AI 工具、性能优化和跨平台协作等方面。介绍如下：

2.3.1　AI 工具

熟练掌握 AI 工具可以有效提高工作效率，帮助设计师更快地获取、编辑素材。AI 工具介绍如下。

- 干扰移除功能

可以自动检测并删除背景中不需要的元素，如汽车、房屋等，提供两种模式：开启生成式 AI 和关闭生成式 AI。

- 生成式填充/扩展功能

利用最新的 Adobe Firefly 图像模型，创建更丰富、逼真的图像，使其更能与背景自然融合。

- 生成类似内容

根据上下文任务栏创建与主题相关的内容，如灯光、阴影和视角相匹配的背景等。

- 智能修复功能

自动检测并修复图像中的瑕疵，减少手动修复的工作量，助力设计师高效完成工作。

- 内容感知填充

可以实现更精确的像素匹配和无缝图像合成，轻松使图像变得丰富多样。

2.3.2　性能优化

通过提升 Photoshop 的性能，减少在编辑大型文件的过程中出现软件运行不流畅的问题。

- 提升图像处理速度

利用最新的深度学习和计算机视觉技术，提高创作效率和质量，避免卡死或死机。

- GPU 加速

在处理大型文件和复杂操作时，利用 GPU 加速功能提高渲染速度和工作效率，避免由于系统崩溃造成的损失。

2.3.3　跨平台协作与云同步

通过云端共享项目文件，邀请团队成员共同编辑和评论，支持与其他 Adobe Creative Cloud 应用无缝集成。满足多人同时线上办公的需求，及时发布最新消息，接收反馈意见。

这些新功能使得 Photoshop 2025 在图像处理、创作效率和团队协作方面都有了显著提升，更加方便用户操作。

第 3 章
常用工具和命令

在使用 Photoshop 2025 进行建筑表现的过程中，会使用到各种各样的工具，例如图像选择工具、图像编辑工具等。还要结合很多常用命令，例如颜色调整命令组中的"亮度/对比度""曲线""色相/饱和度""色彩平衡"等命令。本章将向读者介绍在建筑表现中常用到的工具和命令的使用方法和应用技术。

3.1 图像选择工具

在制作建筑效果图时,需要添加各式各样的配景。尽管现在市面上专业的配景素材图库很多,但仍然远远不能满足我们的需求。这就要求我们有就地取材的本领,找到某张含有所需配景的图片后,能够将其从原始图片中"挖"出,去掉不需要的部分,而留下有用的人物或花草树木配景,以便与建筑图像进行合成。

3.1.1 图像选择工具的分类

Photoshop 建立选区的方法非常丰富和灵活,读者可以根据选区的形状和特点来选择相应的工具。根据各种图像选择工具的选择原理,大致可分为以下几类:

- 圈地式选择工具
- 颜色选择工具
- 路径选择工具

如图 3-1 所示的建筑结构简单、轮廓清晰,其边界是由多条直线纟成的多边形,因此适合使用圈地式选择工具进行选取。

如图 3-2 所示的树木图像边缘复杂且不规则,但天空背景颜色单一,因此适合使用颜色选择工具进行选择。

如图 3-3 所示的汽车图像背景颜色复杂,但边缘由圆滑的曲线组成,比较适合使用路径工具进行选取。

图 3-1 多边形建筑

图 3-2 单色背景树木

图 3-3 圆滑边界汽车

3.1.2 圈地式选择工具

所谓圈地式选择工具,是指直接勾勒出选择范围的工具,这也是 Photoshop 创建选区最基本的方法。这类选择工具包括选框工具和套索工具,如图 3-4 和图 3-5 所示。

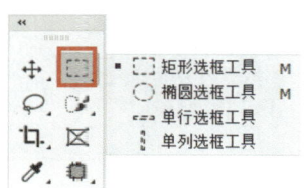
图 3-4 选框工具

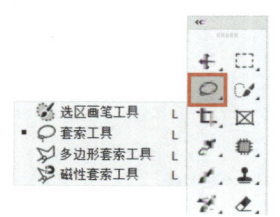
图 3-5 套索工具

1. 选框工具

选框工具只能创建形状规则的选区，适用于选择矩形、椭圆等选区，如图3-6所示。效果图配景为规则形状的情况较少，所以选框工具应用并不是很广泛。

图 3-6　使用选框工具建立的选区

选框工具的使用方法较为简单。首先在工具箱中单击所需要的工具，然后移动光标至图像窗口相应位置，按住鼠标左键不放，拖动光标建立选区。

选区建立后，边界显示为不断闪烁的虚线，方便用户区分选区部分与非选区部分。由于该虚线如同行进中的蚂蚁，所以又称为"蚂蚁线"。

2. 套索工具

套索工具包括：选区画笔工具 、套索工具 、多边形套索工具 和磁性套索工具 。

❏ 选区画笔工具（新功能）

选区画笔工具 使用单个或多个画笔描边建立选区，适合使用触控板的用户，在执行生成式填充添加和移除内容时尤为实用。

在工具栏中设置参数，包括选择"添加""减去"模式，设置画笔的不透明度、画笔大小以及选区叠加颜色的类型，如图3-7所示。

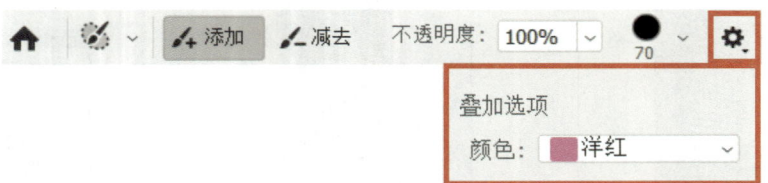

图 3-7　设置工具栏参数

在对象上涂抹，结束后创建选区，如图3-8所示。通过选择"添加""减去"模式，可以实时编辑选区范围。

图 3-8　使用选区画笔工具创建选区

❏ 套索工具

套索工具通过拖动光标来创建选区，当鼠标指针回到起点位置时松开鼠标，鼠标移动轨迹所围得的区域即为选区，如图3-9所示。从图中可以看出，套索工具建立的选区非常不规则，同时也不易控制，随意性非常大，因而只能用于对选区边缘没有严格要求情况下配景的选择。

❏ 多边形套索与磁性套索工具

多边形套索工具使用多边形圈地的方式来选择对象，可以轻松控制鼠标。由于它所拖出的轮廓都是直线，因而常用来选择边界较为复杂的多边形对象或区域，如图3-10所示。

图3-9　套索工具示例　　　　　　　　图3-10　多边形套索工具应用示例

> **技巧**　在选择过程中按下Shift键，可按水平、垂直或45°方向绘制直线。按下Alt键，可以切换为套索工具。按下Delete键或者backspace键，可以取消最近定义的端点。按下Esc键，可以取消选择。

磁性套索工具特别适用于快速选择边缘与背景对比强烈的图像。使用时在图像上沿边界拖曳光标，根据设定的"对比度"值和"频率"值来精确定位选择区域。遇到其不能识别的轮廓时，只需单击进行选择即可。

> **技巧**　按L键可以选择套索工具，按Shift + L快捷键，可以在三种套索工具之间快速切换。

3.1.3 颜色选择工具

颜色选择工具根据颜色的反差来选择具体的对象。当选择对象或背景颜色比较单一时，使用颜色选择工具会比较方便。

Photoshop拥有三个颜色选择工具。

- 对象选择工具
- 魔棒工具
- 快速选择工具

1. 对象选择工具

对象选择工具在定义的区域内查找并自动选择一个对象。用户在图像上绘制选区，选区内相同的部分会被选中，如图3-11所示。

　　　　　绘制选区　　　　　　　　　　　　　选择对象

图 3-11　对象选择工具应用示例

使用选择对象工具 时，在工具栏中设置参数，如图 3-12 所示，指定选择条件，帮助用户精准地选择对象。

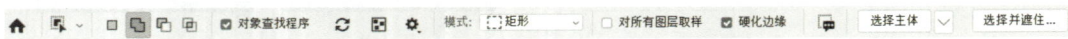

图 3-12　对象选择工具的工具栏

2. 魔棒工具

魔棒工具 是依据图像颜色进行选择的工具，它能够选取图像中颜色相同或相近的区域，选取时只需在颜色相近区域单击即可。

在 3ds Max 中渲染输出效果图时，往往要渲染一幅与效果图尺寸完全相同的纯色图像，我们将其称为"材质通道图"，如图 3-13 所示。

在材质通道图中，每一个材质区域都是单一的颜色色块，因此使用魔棒工具 可以方便地选择各个材质区域，方便进行相应的调整。

 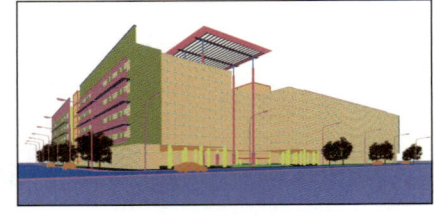

　　　　　渲染图像　　　　　　　　　　　　　材质通道图

图 3-13　渲染图像和材质通道图

使用魔棒工具 时，通过工具栏可以设置选取的容差、范围和图层，如图 3-14 所示。

图 3-14　魔棒工具的工具栏

- 容差：在文本框中可以输入 0~255 之间的数值来确定选取的颜色范围。值越小，选取的颜色范围与单击位置的颜色越相近，同时选取的范围也越小。值越大，选取的范围就越广，如图 3-15 所示。
- 消除锯齿　选中该选项，可以消除选区的锯齿边缘。

容差＝10

容差＝20

容差＝50

图 3-15　不同容差值的选取效果

- 连续：选中该项，在选取时仅选择位置邻近且颜色相近的区域。否则，会将整幅图像中所有颜色相近的区域选择，而不管这些区域是否相连，如图 3-16 所示。
- 对所有图层取样：该选项仅对包含多个图层的图像有效。系统默认只对当前图层有效，选中该项，将在所有可见图层中应用颜色选择。

图 3-16　"连续"选项对选择的影响

> **技巧**　选中"连续"选项，可以按住 Shift 键单击选择不连续的多个颜色相近的区域。

3. 快速选择工具

快速选择工具 是利用可调整的圆形画笔笔尖快速绘制选区。也就是说，可以像绘画一样涂抹绘制选区。在使用快速选择工具时，按住鼠标左键不放，拖动光标能够快速选择多个颜色相似的区域。相当于按住 Shift 键或 Alt 键不停地单击魔棒工具 按钮。引入快速选择工具，使得创建复杂选区变得简单和轻松。

如图 3-17 所示的人物图像，由衣服的白色、皮肤的黄色、头发的黑色等多种颜色组成，而且每种颜色还有明显的明暗层次变化，不能简单地使用魔棒工具一次性选中。

选择快速选择工具 ，按 Ctrl+"〔"组合键，或者 Ctrl+"〕"组合键调整画笔大小。在人物图像上按住鼠标左键不放并拖动光标，颜色相似的图像即被选择。在选择的过程中，可以按下空格键切换至抓手工具 ，移动图像显示其他区域。

原图像

选择结果

图 3-17　快速选择工具应用示例

>
> **提示**　快速选择工具默认选择画笔周围与画笔光标范围内的颜色类似且连续的图像区域，因此画笔的大小决定着选取的范围。

3.1.4　路径选择工具

使用路径选择工具，可以将路径转化为选区来选择对象。绘制路径来建立选区是比较常用的方法之一。因为路径可以非常光滑，而且可以反复调节各节点的位置和曲线的曲率，非常适合建立轮廓复杂和边界要求较为光滑的选区，如人物、家具、汽车、室内物品等。

Photoshop 有一整套的路径工具和路径选择工具，如图 3-18、图 3-19 所示。

其中钢笔工具、自由钢笔工具和弯度钢笔工具、内容感知描摹工具用于创建路径。添加锚点工具和删除锚点工具用于添加和删除锚点。转换点工具用于切换路径节点的类型。

路径选择工具和直接选择工具分别用于路径的选择和单个节点的选择。

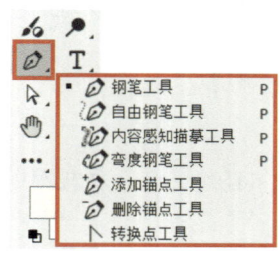

图 3-18　路径工具

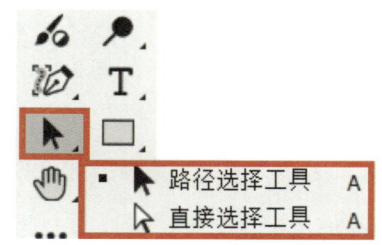

图 3-19　路径选择工具

1. 钢笔工具

钢笔工具是常用的一种绘制路径的工具，它通过单击产生节点的方式，沿着图像的边缘形成一个闭合的路径，并自动将该路径转化为选区，完成图像的选择或抠取，如图 3-20 所示。

>
> **提示**　在绘制路径的过程中，单击产生节点，节点之间以直线连接。单击并拖动光标，产生有方向柄的节点，该节点可自由调整节点之间的曲度。按住 Alt 键时单击，将产生拐点，如图 3-21 所示。

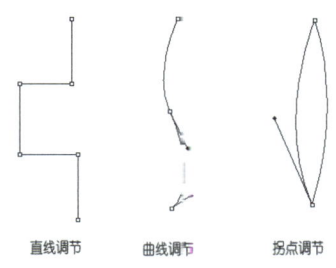

图 3-20 钢笔工具应用示例　　　　　　图 3-21 三种节点连接方式

2. 自由钢笔工具

自由钢笔工具 在后期处理中使用较少，原因在于它建立路径时，随意性很强，使用磁性套索工具 就可以代替它的功能，所以这里并不推荐使用该工具。

3. 弯度钢笔工具

利用弯度钢笔工具 创建圆弧路径，不需要通过调节锚点的控制丙。在创建弧形轮廓时，弯度钢笔工具尤为适用，如图 3-22 所示。

图 3-22 弯度钢笔应用示例

4. 内容感知描摹工具（新功能）

选择内容感知描摹工具 ，在工具栏设置参数，如图 3-23 所示。将光标放置在对象的边缘，系统自动捕捉边缘并显示蚂蚁线，单击左键，蚂蚁线转换为路径，如图 3-24 所示。

图 3-23 工具栏

图 3-24 内容感知描摹工具应用示例

提示 按下 Ctrl+Enter 键，可快速将当前路径转换为选区。

3.2 图像编辑工具

3.2.1 橡皮擦工具

在为效果图添加配景时，加入的配景如果边界太清楚，配景会和效果图衔接得比较生硬，这时可以用橡皮擦工具对配景的边缘进行修饰，使配景的边缘和效果图的其他配景结合得较为自然。

如图 3-25 所示的配景树与天空边界过于明显，衔接生硬，我们可以用橡皮擦工具擦除一部分树的边界，使它和天空融合自然。

01 选择配景树所在图层为当前图层。按 E 键快速选择橡皮擦工具，调整画笔的大小，按 1 键设置画笔的"不透明度"为 20%，如图 3-26 所示。

02 按住鼠标左键，在配景树边界位置拖动，反复擦除部分配景树边缘，越靠近边界位置擦除得越多，直到边界和天空融合得比较自然为止，如图 3-27 所示。

图 3-25 衔接生硬的图像

图 3-26 设置画笔参数　　　　　图 3-27 擦除配景树边缘

3.2.2 加深和减淡工具

加深工具和减淡工具可以轻松调整图像局部的明暗。

图 3-28 所示的道路路面没有颜色深浅的变化，看上去一点也不真实，和旁边的路面形成了很大的反差。图 3-29 经过加深减淡的处理后，路面就生动了很多，不光有颜色深浅的变化，透视感也增强了。

详细的操作过程请观看教学视频。

图 3-28　道路处理前效果

图 3-29　道路处理后效果

3.2.3　图章工具

图章工具是常用的修饰工具之一，主要用于复制图像，修补局部图像的不足。图章工具包括仿制图章工具 ![icon] 和图案图章工具 ![icon] 两种，在建筑表现中使用较多的是仿制图章工具。

如图 3-30 所示为生活中拍摄的照片，人物的存在妨碍了作为草地配景的素材，此时可以使用仿制图章工具将人物从草地上去除。

按 Alt 键在周围草地单击取样，然后移动光标至人物图像上拖动光标，取样图像被复制到当前位置，图像被修复，如图 3-31 所示，人物被去除。在拖动光标的过程，取样点（以"十"形状进行标记）也会发生移动，但取样点和复制图像位置的相对距离始终保持不变。

图 3-30　照片素材

图 3-31　修复图像

3.2.4　修复工具

修复工具包括污点修复画笔工具 ![icon]、移除工具 ![icon]、修复画笔工具 ![icon]、修补工具 ![icon]、内容感知移动工具 ![icon] 和红眼工具 ![icon]。

与仿制图章工具的区别在于，修复工具除了复制图像外，还会自动调整原图像的颜色和明度，同时虚化边界，使复制图像和原图像无缝融合，不留痕迹。下面介绍常用的修复工具。

1. 移除工具（新功能）

移除工具 ![icon] 是 Photoshop 2025 新增的工具，集成 AI 修复技术，在移除对象后自动填充区域，使其与背景融合在一起。

启用移除工具，选项栏默认的参数设置如图3-32所示。在"大小"选项中设置画笔的尺寸，在"查找干扰"列表中显示干扰物体，在"模式"列表中选择使用生成式AI的方式，默认选择第一项，即自动（可能使用生成式AI）。

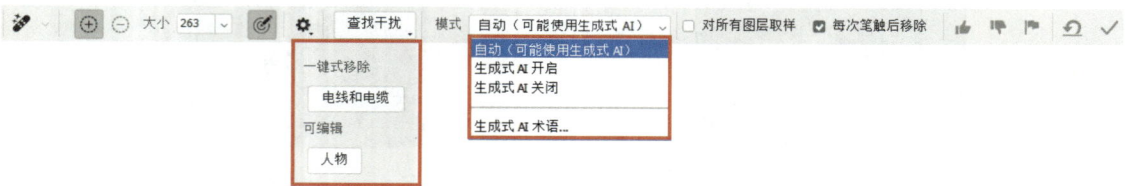

图3-32　选项栏参数设置

在如图3-33所示的照片素材中，表现了人物一齐向上举着黑色帽子的效果。利用移除工具，涂抹右下角的人物，选区稍微超出人物轮廓，如图3-34所示。

图3-33　照片素材　　　　　　　　　　　图3-34　涂抹选区

松开鼠标左键，弹出提示对话框，显示正在移除区域的进程，如图3-35所示。移除操作完成后，选区内的人物已经被移除，并且背景没有被破坏，结果如图3-36所示。

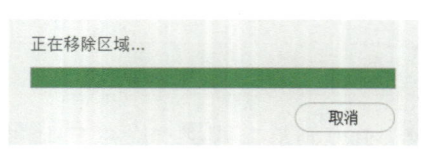

图3-35　提示对话框　　　　　　　　　　图3-36　移除结果

2. 修补工具

修复画笔工具与仿制图章工具的用法基本相同，这里介绍修补工具的用法。如图3-37所示的天空背景素材云彩过多，需要去除部分云彩以美化构图。

选择修补工具 后，沿云彩的边缘拖动，松开鼠标后得到一个选区，如图 3-37 所示。按住鼠标左键，拖动选区至一个没有云彩的天空区域。

松开鼠标左键后，系统自动使用目标区域修复源选区，并使目标区域的图像与源选区周围的图像自然融合，得到如图 3-38 所示的去除云彩的结果。

图 3-37　选择云彩　　　　　　　　　　　　图 3-38　去除云彩的结果

> **技巧**　改变源选区和目标区域，也可以为天空图像添加云彩。

3.2.5　文字工具

使用文字工具 为效果图添加画龙点睛的文字内容，可以提升效果图的意境，丰富效果图的内容。文字的设计、编排也是一门很深的艺术。

1. 文字的类型

在 Photoshop 中，文字工具分为横排文字工具 T 、直排文字工具 IT 、直排文字蒙版工具以及横排文字蒙版工具。

➲ **横排文字工具 T**：在打开的图像窗口选择文字图标 T，在图像窗口适当位置单击，光标闪烁的位置就是文字输入的起始端。在这里可以创建横排文字"CBD 中心"，如图 3-39 所示。

➲ **竖排文字工具 IT**：在打开的图像窗口选择文字图标 IT，在图像窗口适当位置单击，即可以创建竖排文字"城市地标"，如图 3-40 所示。

➲ **竖排文字蒙版工具** / **横排文字蒙版工具**：创建竖排/横排文字选区，如图 3-41 所示。

图 3-39　横排文字输入　　　图 3-40　竖排文字输入　　　图 3-41　竖排/横排文字蒙版输入

> **提示**　当选择直接选择工具 时，将光标置于输入的文字之间，光标会变成 形状，这时只要拖动光标，会发现文字可以沿着路径移动，并可以沿路径翻转。

2. 文字属性的设置

文字属性包括文字的字体、大小和颜色，在文字工具栏中可以分别设置，如图 3-42 所示。

图 3-42　文字属性设置工具栏

3.2.6　裁剪工具

裁剪工具在后期处理建筑图像时经常用来调整构图，可以裁掉画面多余的部分，得到更美观的画面效果。

一般而言，不要对效果图直接进行裁剪，而是先用填充黑色的矩形将画面多余部分遮住，如图 3-43 所示，调整最合适的位置，然后执行裁剪命令，将黑色矩形外框裁剪掉。

Photoshop 对裁剪工具功能进行了增强。现在可以进行非破坏性的裁剪（隐藏被裁掉的区域），在裁剪图像后，当再次选择裁切工具时，便可以看见裁剪前的图像，如图 3-44 所示，方便用户对裁剪进行调整。同时在使用裁剪工具时，如果裁剪范围超过了边界，可以显示新的背景。

图 3-43　调整构图　　　　　　　　图 3-44　裁切时预览效果

使用 Photoshop 的透视裁切工具，可以纠正由于相机或者摄影机角度问题造成的畸变，如图 3-45 所示。

此外还有切片工具与切片选择工具。利用切片工具，可以将图像剪切为适合网页设计的较小选区。利用切片选择工具，可以选择、移动图像的切片或调整其大小。

图 3-45　透视裁剪

3.2.7　抓手工具

抓手工具虽然对图像本身的处理不产生影响，但是在后期处理过程中，移动图像窗口中显示的图像区域是必不可少的操作。单击工具箱图标，可以选择抓手工具。也可以在使用其他工具时按住空格键，临时切换到抓手工具，松开空格键又可返回，继续原来的操作。

3.2.8　创成式填充工具

利用创成式填充工具，可以在指定的区域生成提示词所描述的内容。

在图片上部绘制矩形选框，如图 3-46 所示，在上下文任务栏中单击"创成式填充"按钮。在文本框中输入提示词，如图 3-47 所示，单击"生成"按钮，进入生成模式。

图 3-46　绘制选区

图 3-47　输入提示词

在弹出的提示对话框中显示生成进度，如图 3-48 所示。等待生成操作结束，在选框区域显示飞鸟，如图 3-49 所示。

选择生成式图层，在属性面板中观察生成结果，如图 3-50 所示。每次生成 3 个结果，用户可以切换观察，选择最满意的一个效果。如果都不满意，单击"生成"按钮再次生成。或者修改提示词后再生成，直至满意为止。

选择生成式图层的蒙版，选择橡皮擦工具，选择柔边笔刷，将前景色设置为黑色，在飞鸟图像的区域涂抹，使其与背景相融合。

添加曲线调整图层，提升画面的明暗对比，编辑结果如图 3-51 所示。

Photoshop 2025 建筑表现技法

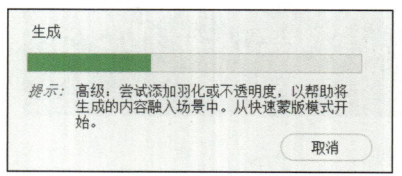

图 3-48　提示对话框

图 3-49　生成结果

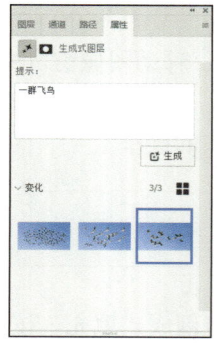

图 3-50　选择图像

图 3-51　编辑结果

3.3　图像选择和编辑命令

除了前面提到的一些常用工具外，在对图像进行选择和编辑时，还常常用到一些菜单命令。工具和菜单命令的结合，使得 Photoshop 的编辑功能更为完善，同时也为后期处理工作带来了更多便利。

3.3.1　颜色范围命令

颜色范围命令也是一种选择颜色的命令，下面以一个树枝图像选取实例，介绍命令的用法。

❶ 运行 Photoshop 软件，按 Ctrl+O 快捷键，打开配套资源中的"树枝 .jpg"图像文件，如图 3-52 所示。

❷ 双击背景图层，转换为图层 0，即普通图层。这样在清除天空背景后，可得到透明区域。

❸ 单击"选择"|"颜色范围"命令，打开"颜色范围"对话框。使用吸管工具，然后移动光标至图像窗口蓝色天空背景位置单击，拾取天空颜色作为选择颜色。对话框中的预览窗口会立即以黑白图像显示当前选择的范围，其中白色区域表示选择区域，黑色区域表示非选择区域。

04 拖动颜色容差滑块，调节选择的范围，直至对话框中的天空背景全部显示为白色，如图 3-53 所示。

图 3-52　打开图像文件

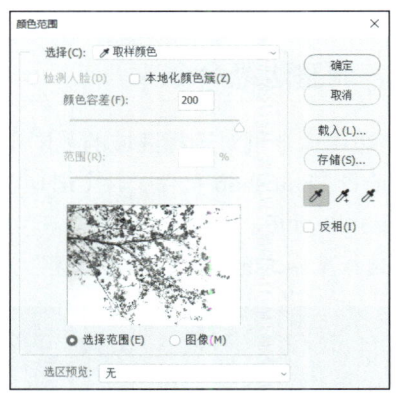

图 3-53　"颜色范围"对话框

05 单击"确定"按钮关闭对话框，图像窗口会以"蚂蚁线"的形式标记出选择的区域，如图 3-54 所示。

06 按下 Delete 键，清除选区内的天空图像，得到透明的背景，如图 3-55 所示。或者按下 Ctrl + Shift + I 键，反向选择当前选区，得到树枝选区。

图 3-54　得到天空背景选区

图 3-55　清除天空背景结果

07 按 Ctrl + C 快捷键，打开建筑图像，如图 3-56 所示。

08 拖动复制已去除背景的树枝图像至建筑图像窗口，按下 Ctrl+T 快捷键，调整树枝图像的大小及位置，合成效果如图 3-57 所示。

图 3-56　打开建筑图像

图 3-57　合成效果

09 调入的配景素材，除了调整大小和位置之外，还需要对颜色和色调进行调整，以匹配建筑图像的颜色。选择"图像"|"调整"|"亮度/对比度"命令，打开"亮度/对比度"对话框，将树枝图像颜色调暗，完成最终合成。

3.3.2 调整边缘命令

调整边缘命令可对选择区域的范围和边缘进行细微的调整，下面通过实例进行具体说明。

01 运行 Photoshop 软件，按 Ctrl+O 快捷键，打开配套资源中名称为"别苑.jpg"的图像文件，如图 3-58 所示。

02 选择魔棒工具，设置"容差"为 30 左右，单击天空蓝色区域，建立选区如图 3-59 所示。

图 3-58　打开文件

图 3-59　建立选区

03 按 Ctrl+Shift+I 组合键，反向选择当前选区，选择天空背景以外的区域。

04 执行"选择"|"选择并遮住"命令，如图 3-60 所示，进入编辑面板。

05 在"视图"下拉列表中选择几种选区在视图中的显示方式，一般观察视图可以选择"图层"选项，观察虚线选框可以选择"闪烁虚线"选项。这里选择"图层"选项，如图 3-61 所示。

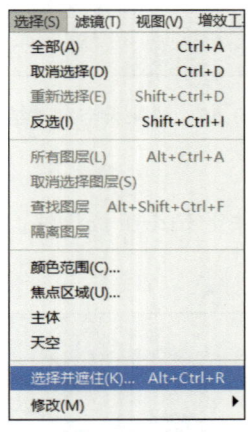

图 3-60　执行命令

图 3-61　选择视图中的显示方式

06 选择"显示边缘"选项与"智能半径"选项，调整智能半径大小，如图 3-62 所示。

07 此时可以发现选区的边缘已经清晰地显示在左侧的预览窗口中，如图 3-63 所示。

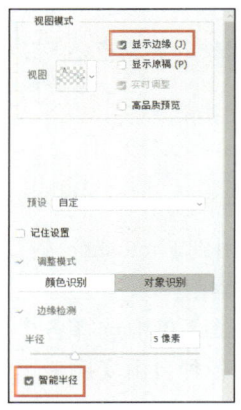
图 3-62 设置参数

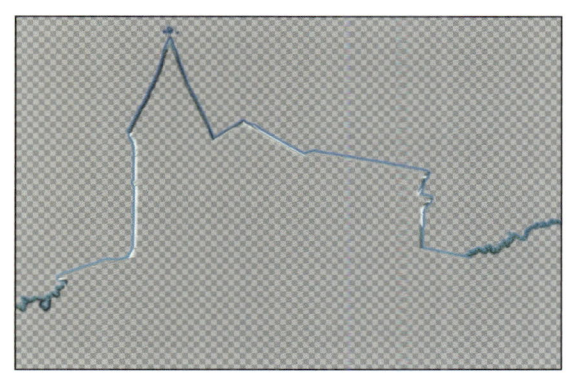
图 3-63 显示边缘

08 单击面板左侧的调整边缘画笔工具按钮 ，沿智能半径显示的区域涂抹，调整边缘如图 3-64 所示。

09 单击"确定"按钮，完成"边缘调整"命令，选区的最终效果如图 3-65 所示。

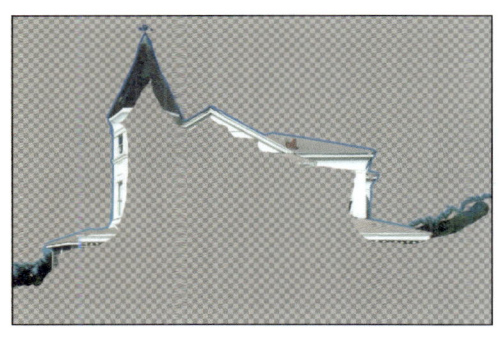
图 3-64 涂抹调整边缘

图 3-65 选区的最终效果

10 按 Ctrl+J 快捷键，复制选区内的图像至新的图层，关闭"背景"图层，如图 3-66 所示。

11 去除天空背景的图像显示效果如图 3-67 所示。

图 3-66 关闭"背景"图层

图 3-67 去除天空背景的图像显示效果

Photoshop 2025 建筑表现技法

 提示 显示智能半径可以帮助我们很快找到选区的边缘,将没有删除的背景色找到,半径大小决定了颜色范围选取的大小。

3.3.3 图像变换命令

在调整配景大小和制作配景阴影或倒影的过程中,会反复使用到 Photoshop 的变换功能。图像变换是 Photoshop 的基本技术之一,下面就详细介绍变换的具体操作。

图像变换有两种方式,一种方式是直接在"编辑"|"变换"子菜单中选择各个命令,如图 3-68 所示,另一种方式是通过不同的鼠标和键盘操作配合,进行各种自由变换。

1. 使用"变换"子菜单

"编辑"|"变换"级联菜单各命令功能如下所述。

- 缩放:选择命令,移动光标至变换框上方,光标将显示为双箭头形状,拖动光标即可调整图像的大小和尺寸。若按下 Shift 键拖动,则可以固定比例缩放,如图 3-69 所示。
- 旋转:选择命令,移动鼠标至变换框外,当光标显示为↻形状后,拖动即可旋转图像。若按下 Shift 键拖动,则每次旋转 15°,如图 3-70 所示。

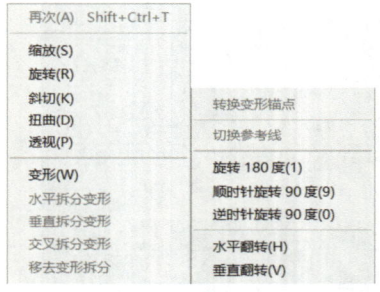
图 3-68 "变换"子菜单

图 3-69 缩放图像

图 3-70 旋转图像

- 斜切:选择命令,可以将图像倾斜变换。在该变换状态下,变换控制框的对角点只能在变换控制框边线所定义的方向上移动,使图像得到倾斜效果,如图 3-71 所示。
- 扭曲:选择命令,可以任意拖动变换框的 4 个对角点进行图像变换,如图 3-72 所示,但四边形任一角的内角角度不得大于 180°。
- 透视:选择命令,拖动变换框的任一对角点时,拖动方向上的另对一角点会发生相反的移动,得到对称的梯形,使得物体呈现透视变形的效果,如图 3-73 所示。

图 3-71 斜切图像

图 3-72 扭曲变换图像

图 3-73 透视变换图像

2. 自由变换

"自由变换"命令可以自由使用"缩放""旋转""斜切""扭曲""透视"命令，不必从菜单中选择这些命令。若要应用这些变换，在拖移变换框的手柄时使用不同的快捷键，或直接在选项栏中输入数值，具体操作如下。

① 选择需要变换的图像或图层。
② 执行"编辑"|"自由变换"命令，或按下 Ctrl + T 快捷键进入自由变换状态。
③ 使用以下功能键执行某一变换操作。

- 缩放：移动光标至变换框的对角点上直接拖动光标。
- 旋转：移动光标到变换框之外（指针变为↔形状），拖动光标。按住 Shift 键可限制为按 15°增量旋转。
- 斜切：按住 Ctrl + Shift 键并拖动光标变换框边框。
- 扭曲：按住 Ctrl 键并拖动光标更改变换框的对角点。
- 透视：按住 Ctrl + Alt + Shift 键并拖动光标更改变换框的对角点。

④ 按 Enter 键或双击应用变换。按 Esc 键取消变换。

3. 图像变换在实际中的运用

图像变换在后期中的运用常见于制作倒影和影子，增强画面的真实性。

❏ **使用菜单命令制作倒影**

如图 3-74 所示的图像由于水面缺乏倒影，使得整个画面不够真实，下面使用变换功能制作倒影效果。

① 运行 Photoshop 软件，打开示例文件。如图 3-74 所示。
② 使用矩形选框工具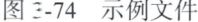，将水面以外的区域进行框选，如图 3-75 所示。

图 3-74　示例文件　　　　　　　　图 3-75　建立选区

③ 按 Ctrl +J 快捷键，将选区内的内容进行复制，得到图层 1，如图 3-76 所示。
④ 按 Ctrl +T 快捷键，调用"变换"命令，右击，选择"垂直翻转"命令，如图 3-77 所示。
⑤ 按 Enter 键，应用变换，使用移动工具，将图像移动至合适的位置，如图 3-78 所示。
⑥ 执行"滤镜"|"模糊"|"动感模糊"命令，设置参数如图 3-79 所示。
⑦ 设置图层的"不透明度"为 35%，如图 3-80 所示。
⑧ 制作水面倒影的效果如图 3-81 所示。

图 3-76　创建图层 1

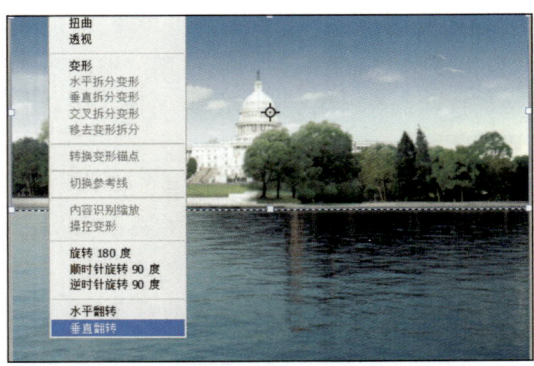

图 3-77　选择选项

图 3-78　移动图像

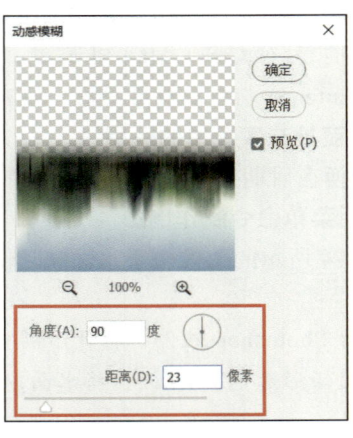

图 3-79　设置参数

图 3-80　修改参数

图 3-81　倒影效果

□ 使用变换功能制作阴影

01 运行 Photoshop 软件，打开示例文件，如图 3-82 所示。

02 选择树木所在的图层，按 Ctrl +J 快捷键，进行复制，默认名称为"树木 拷贝"图层，如图 3-83 所示。

图 3-82　示例文件　　　　　　　　　　　图 3-83　复制图层

03 按 Ctrl +M 快捷键，打开【曲线】对话框，设置参数如图 3-84 所示。

04 将"树木 拷贝"图层下移一个图层，如图 3-85 所示。快捷键为 Ctrl + "["。

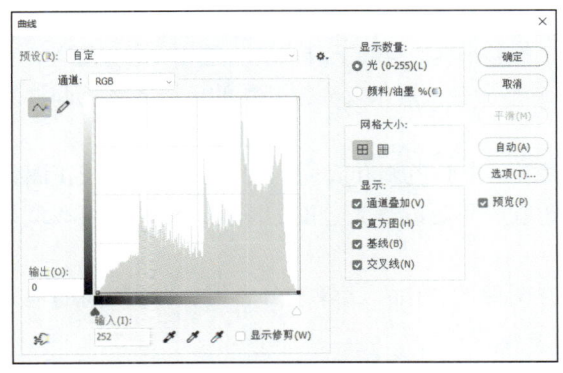 

图 3-84　设置参数　　　　　　　　　　　图 3-85　下移图层

05 按 Ctrl +T 快捷键，调用变换命令。按住 Ctrl 键，自由变换控制角点，如图 3-86 所示。

06 执行"滤镜"|"模糊"|"动感模糊"命令，参数设置如图 3-87 所示。

 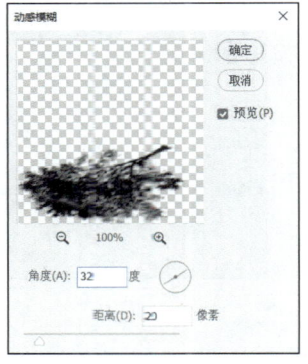

图 3-86　自由变换　　　　　　　　　　　图 3-87　"动感模糊"参数设置

07 设置图层"不透明度"为 60%，如图 3-88 所示。

08 添加阴影之后的效果如图 3-89 所示。

图 3-88　设置不透明度

图 3-89　添加阴影之后的效果

3.3.4　色调调整命令

要将众多的配景素材与建筑图像自然、和谐地进行合成，统一整体的颜色和色调是关键。效果图常用的图像调整命令包括：色阶、曲线、色彩平衡、亮度/对比度、色相/饱和度等，在"图像"|"调整"级联菜单中可以分别选择各个调整命令。这里仅介绍基本的色调和颜色调整命令。

1. 色阶

执行"色阶"命令，通过调整图像的阴影、中间色调和高光的强度级别，来校正图像的色调范围和色彩平衡。"色阶"命令常用于修正曝光不足或曝光过度的图像，同时也可以调节图像的对比度。

在调整图像色阶之前，首先应仔细观看图像的"山"状像素分布图，"山"高的地方，表示此色阶处的像素较多，相反的，就表示像素较少了。

如果"山"分布在右边，说明图像的亮部较多。"山"分布在左边，说明图像的暗部较多。"山"分布在中间，说明图像的中色调较多，缺少色彩和明暗对比。

如图 3-90 所示的效果图，"山"主要分布在左侧，说明图像暗部较多，同时图像缺乏亮部区域。

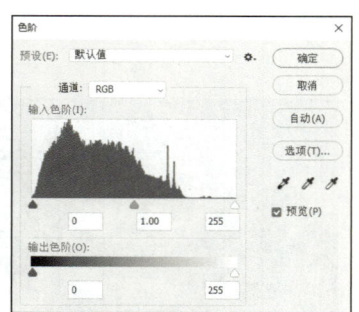

图 3-90　缺乏亮部区域的效果图

要调整此类图像，可以向左移动高光滑块，扩展图像的色调范围，图像亮部即得到明显改善，如图 3-91 所示。相对应的，如果图像缺乏暗部区域，可以向右移动暗调滑块。

按 Ctrl+L 快捷键，再次打开"色阶"对话框，可以看到图像像素已经分布到 0~255 整个色调范围，如图 3-92 所示。

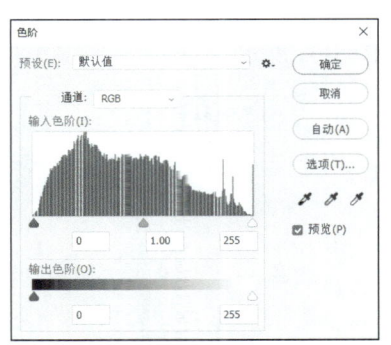

图 3-91　色阶调整前　　　　　　　　　图 3-92　调整后的色阶

如图 3-93 所示的图像,"山"分布在色阶图的中间区域,因此图像缺乏亮光和暗部细节,整个图像看上去较灰,缺乏明暗对比。

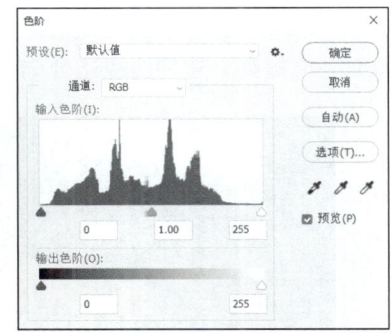

图 3-93　缺乏高光和暗部的图像

对于同时缺乏高光和暗部的图像,同时向中间移动暗调和高光滑块,如图 3-94 所示。

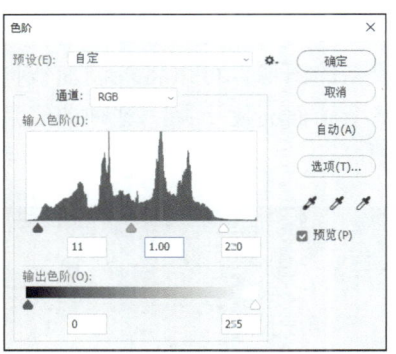

图 3-94　色阶调整

2. 曲线

与"色阶"命令类似,执行"曲线"命令也可以调整图像的整个色调范围。不同的是,"曲线"命令不是使用 3 个变量(高光、阴影、中间色调)进行调整,而是使用调节曲线,它可以最多添加 14 个控制点,因而曲线工具调整更为精确、更为细致。

执行"图像"|"调整"|"曲线"命令，或按下 Ctrl+M 快捷键，可以打开"曲线"对话框，如图 3-95 所示。

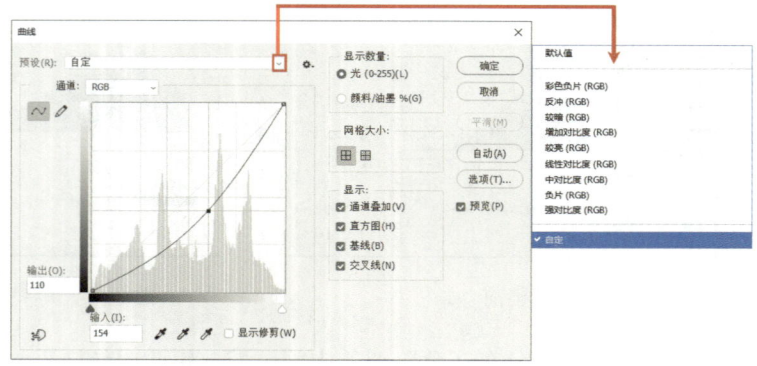

图 3-95 "曲线"对话框

对于较暗的图像，可以将控制曲线向上弯曲，图像亮部层次被压缩，暗调层次被拉开，整个画面亮度提高。这种曲线适合调整画面偏暗、亮部缺乏层次变化的图像，如图 3-96 所示。

图 3-96 较暗图像调整

对于较亮的图像，可以将控制曲线向下弯曲，图像的暗调分布层次被压缩，亮调层次被拉开，整个画面亮度下降。这种曲线适合调整画面偏亮、暗部缺乏层次变化的图像，如图 3-97 所示。

图 3-97 较亮图像调整

对于画面较灰、缺乏明暗对比的图像，可以调整控制曲线为如图3-98所示形状，拉开图像中间调层次，使整个画面对比度加强，图像反差加大。

图3-98　调整图像对比度

3. 色彩平衡

"色彩平衡"命令根据颜色互补的原理，通过添加或减少互补色以改变图像的色彩平衡。例如，可以通过为图像增加红色或黄色使图像偏暖，当然也可以通过为图像增加蓝色或青色使图像偏冷。如图3-99所示的效果图，中间调和亮部区域颜色偏蓝，色调偏冷，色彩不够自然，我们可以用"色彩平衡"命令来进行调整。

图3-99　色调偏冷的图像

按Ctrl+B快捷键，打开"色彩平衡"对话框，选择"中间调"选项，调整各滑块的位置如图3-100所示，使得画面的中间调偏向暖色。

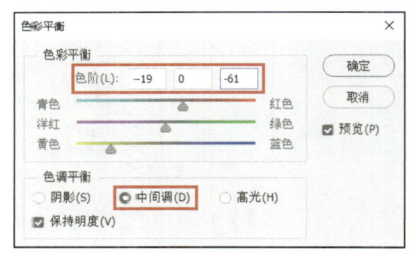

图3-100　调整图像的中间调

选择"高光"选项，调整各滑块的位置如图 3-101 所示，使得画面的高光偏向暖色。

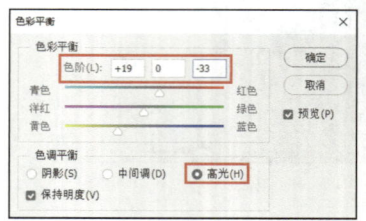

图 3-101　调整图像的高光

3.3.5　使用调整图层

所谓调整图层，实际上就是用图层的形式保存颜色和色调调整，方便以后重新修改参数。添加调整图层时，会自动添加一个图层蒙版，方便用户控制调整图层影响的范围和区域。调整图层除了有部分调整命令的功能外，还有图层的一些特征，如不透明度、混合模式等。改变不透明度可以改变调整图层的影响程度。当然也可以双击图标，弹出参数对话框，直接设置参数。

下面介绍调整图层的方法。

❶ 按 Ctrl+O 快捷键，打开如图 3-102 所示的图像。

❷ 在图层面板上单击"创建新的填充或调整图层" 按钮，在打开的快捷菜单中选择"色彩平衡"选项，如图 3-103 所示。

图 3-102　打开图像　　　　　图 3-103　选择选项

❸ 在"色彩平衡"属性面板上，设置参数如图 3-104 所示。

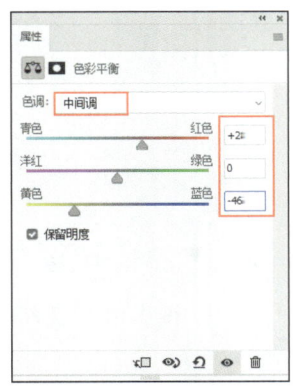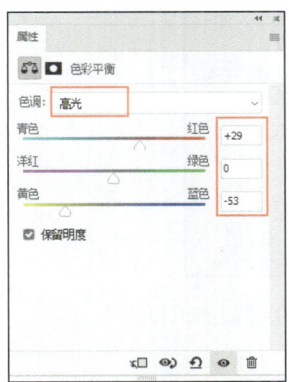

图 3-104　设置参数

④ 设置参数后，关闭属性面板，得到如图 3-105 所示的"色彩平衡 1"调整图层。

图 3-105　"色彩平衡 1"调整图层

> **技巧**　执行"图层"|"新建调整图层"命令，也可以在所选图层的上方建立一个颜色调整图层。

⑤ 该酒店大厅的左侧大门区域为透明的玻璃屋顶，在夜晚时受天光影响最大，出现如此大面积的暖色，使得整个画面不够真实和生动。

⑥ 单击"色彩平衡 1"调整图层中的"图层蒙版"缩览图，如图 3-106 所示，进入图层蒙版编辑模式。

⑦ 选择画笔工具 ，设置前景色为黑色，设置"不透明度"为 20%，如图 3-107 所示。在画面左侧涂抹，消除"色彩平衡 1"调整图层对玻璃屋顶的影响。

⑧ 在属性面板中，观察"图层蒙版"缩览图，可以发现图像的左上角有涂抹过的痕迹，如图 3-108 所示。

⑨ 夜晚天光的颜色为深蓝色，执行"图层"|"新建调整图层"|"曲线"命令，创建曲线调整图层，如图 3-109 所示。

图 3-106　进入图层蒙版编辑模式

图 3-107　设置画笔参数

图 3-108　编辑蒙版的结果

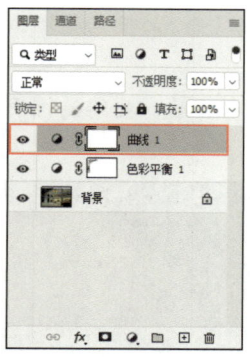

图 3-109　创建曲线调整图层

⑩ 在属性面板中选择"蓝"色通道，将曲线向上弯曲，加强图像的蓝色成分，如图 3-110 所示。

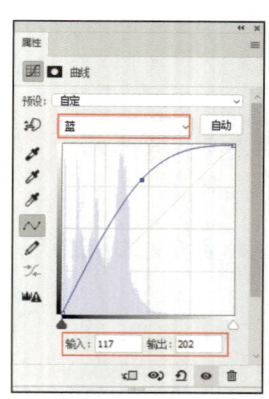 

图 3-110　调整蓝色通道参数

⑪ 添加曲线调整图层后，整个图像的蓝色都得到加强。为了增强画面的真实感，需要使用画笔工具编辑图层蒙版，消除该曲线调整图层对大厅右侧内部区域的影响，将蓝色光的作用范围限制在受天光影响的区域，如图 3-111 所示。

图 3-111　编辑蒙版调整图像效果

⑫ 执行"图层"|"新建调整图层"|"色彩平衡"命令，创建"色彩平衡 2"调整图层。在属性面板中设置参数，继续为图像加强蓝色和青色，如图 3-112 所示。

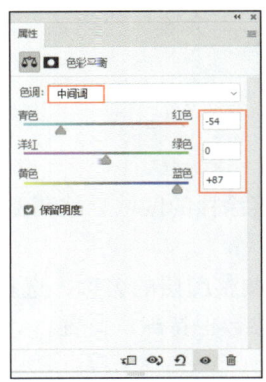

图 3-112　调整蓝色通道参数

⑬ 按 Alt 键拖动"曲线 1"图层蒙版至"色彩平衡 2"图层蒙版的上方，在打开的提示对话框中单击"是"按钮，替换"色彩平衡 2"图层蒙版。这样"色彩平衡 2"调整图层也只作用于受天光影响的区域，如图 3-113 所示。通过调节内、外的冷暖对比参数，营造出色彩丰富、对比强烈、极具视觉冲击力的效果。

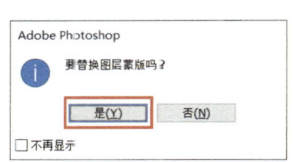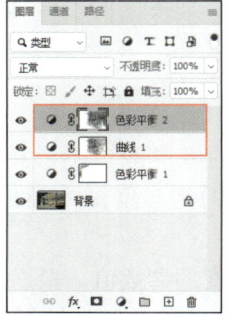

图 3-113　替换图层蒙版

14 通过设置调整图层的"填充"参数，可以控制调整图层的强度，相当于降低调整参数值，如图3-114所示。

图3-114　设置图层填充值

从上述操作可以看出，使用调整图层调整图像颜色和色调，不会破坏原图像。用户可随时根据需要调整参数和影响范围，控制方法更为灵活和方便。

3.3.6　调整画笔工具

调整画笔工具 是 Photoshop 2025 新增的功能，经由画笔涂抹的区域会被调整图层覆盖，从而影响该区域图像的显示效果。

在调整画笔工具 选项栏中，展开"调整"列表，显示调整图层的名称，选择样式，如"色相/饱和度"样式，如图3-115所示。调整画笔尺寸，其他参数保持默认设置。

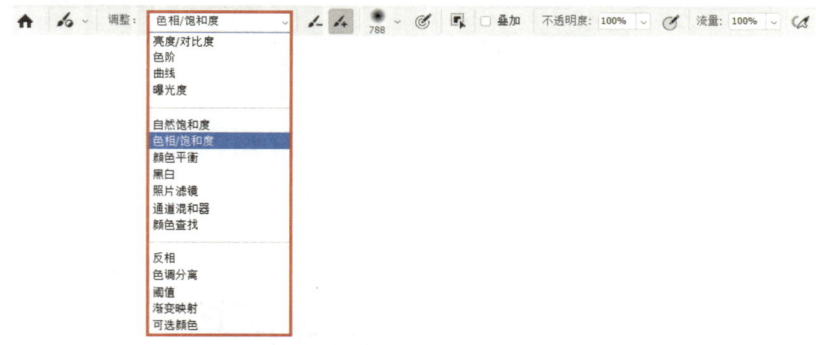

图3-115　选项栏参数

在如图3-116所示的图片中，布满天空的晚霞颜色不够艳丽，灰扑扑的画面看起来非常黯淡。利用调整画笔涂抹天空，此时天空的饱和度被增强，晚霞显得尤为鲜艳夺目，如图3-117所示。

此时，在属性面板中显示当前色相/饱和度的参数值。根据画面效果的显示情况，用户微调参数，如图3-118所示。调整结果如图3-119所示。没有被调整画笔影响的江水和房屋保持原有的显示效果不变。

图 3-116　原始图片　　　　　　　　图 3-117　涂抹天空区域

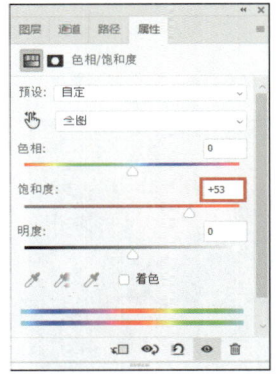 

图 3-118　微调参数　　　　　　　　图 3-119　调整结果

3.4　建筑效果图的颜色调整

在室内外效果图后期处理过程中，色彩调整的应用也不容忽视。因为从配景素材的调整、图样的色调控制到三维软件中渲染输出的图像都需要使用色彩调整命令进行调整。上一节只简单介绍了色阶、曲线和色彩平衡等基本调整方法，本节将深入讲解 Photoshop 的颜色调整方法。

3.4.1　纯色调色

纯色填充图层可以只用一种颜色填充图层。创建"纯色"调整图层，使图像的颜色色调达到统一。本实例通过添加纯色填充制作出一幅黄昏的景象。

01　执行"文件"|"打开"命令，打开"别墅.jpg"文件，如图 3-120 所示。

02　单击图层面板底部的"创建新的填充或调整图层"按钮，在弹出的快捷菜单中选择"纯色"选项，弹出"拾色器"对话框，设置颜色值，如图 3-121 所示。

Photoshop 2025 建筑表现技法

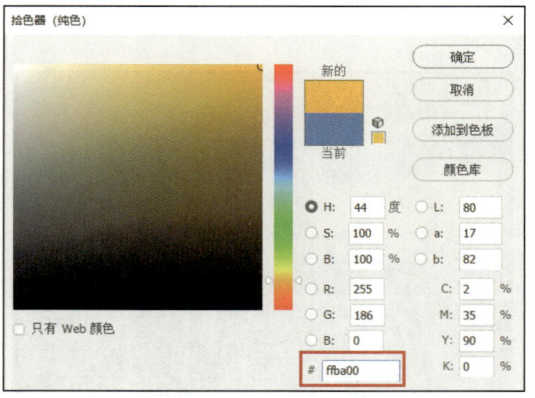

图 3-120　打开文件　　　　　　　　　　　图 3-121　"拾色器"对话框

03 单击"确定"按钮，设置图层的混合模式为"正片叠底"，"不透明度"为 50%，如图 3-122 所示。

04 设置完毕后，打造出别墅的黄昏美景效果，如图 3-123 所示。

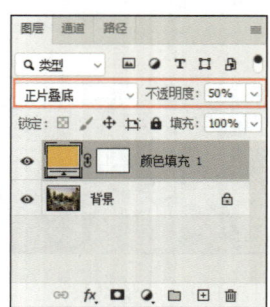

图 3-122　图层面板　　　　　　　　　　　图 3-123　黄昏美景

3.4.2　亮度 / 对比度调色

"亮度 / 对比度"命令主要用来调整图像的亮度和对比度，它不能对单一通道做调整，也不能像"色阶"命令一样能够对图像的细部进行调整，只能很简单、直观地对图像做较粗略调整，因此适合于亮度和对比度差异相对悬殊较大的图像。下面通过具体实例进行说明。

01 执行"文件"|"打开"命令，打开"树林.jpg"文件，如图 3-124 所示。

02 单击图层面板底部的"创建新的填充或调整图层"按钮，在弹出的快捷菜单中选择"亮度 / 对比度"选项，创建"亮度 / 对比度"调整图层，如图 3-125 所示。

03 在属性面板上设置"亮度"值为 –100，此时图像效果如图 3-126 所示，图像亮度被降低。

04 重设"亮度"值为 +84，如图 3-127 所示，图像亮度大幅提高。

05 设置"对比度"值为 –50，效果如图 3-128 所示，在图像亮度不变的前提下，图像对比被弱化。

图 3-124　打开文件

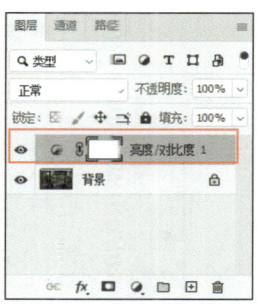
图 3-125　创建调整图层

图 3-126　"亮度"值为 –100

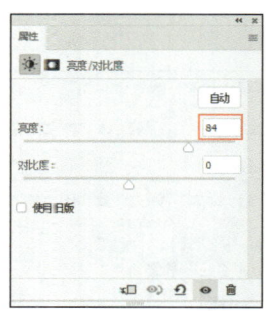

图 3-127　"亮度"值为 84

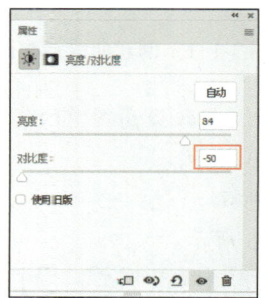

图 3-128　"对比度"值为 –50

06 重设"对比度"值为40，如图3-129所示，图像对比得到加强，画面显得更有层次。

图3-129 "对比度"值为40

3.4.3 曲线调色

执行"曲线"命令，除了可以简单调整图像的亮度和对比度外，也可以对各颜色通道和色调区域进行更精确的调整。上一节介绍了曲线调整的基本方法，这里深入讲解曲线调色的技巧。

01 执行"文件"|"打开"命令，打开"江景.jpg"文件，如图3-130所示。效果图的暗部区域过于沉重，并且绿色和红色亮度不足，可以通过曲线调整来解决这些问题。

02 单击调整面板上的"曲线"按钮 ，创建曲线调整图层，如图3-131所示。

图3-130 打开文件　　　　　图3-131 创建曲线调整图层

03 在属性面板上调整RGB的曲线值，如图3-132所示，整体提高图像的亮度。

04 选择"红"通道，并调整红通道的曲线，如图3-133所示。

05 选择"绿"通道，调整绿通道的曲线，如图3-134所示。

06 设置完毕后，关闭曲线调整对话框，效果如图3-135所示。

07 选中曲线调整图层的蒙版缩略图，设前景色为黑色，选择画笔工具 ，涂抹天空的区域，蒙版显示效果如图3-136所示。

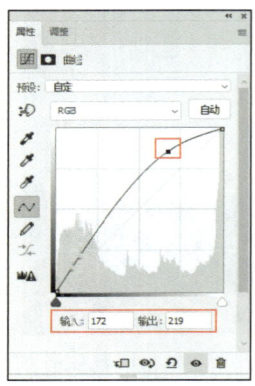 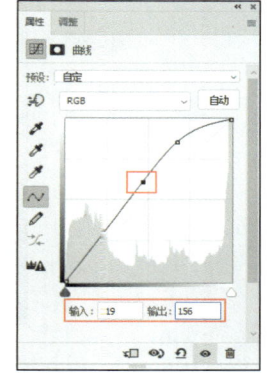 

图 3-132　调整 RGB 的曲线值

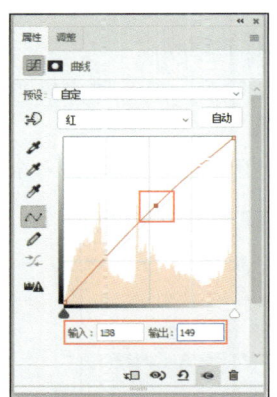 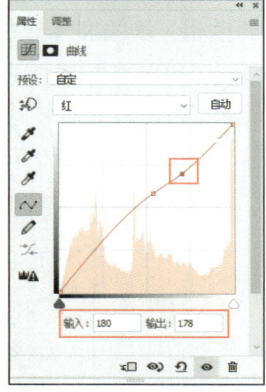 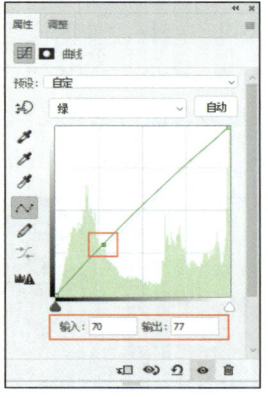 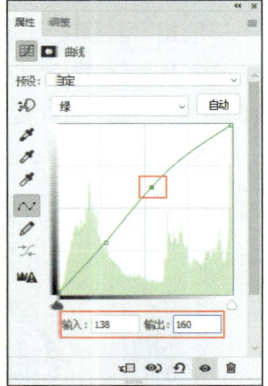

图 3-133　调整红通道的曲线　　　　　　　　图 3-134　调整绿通道的曲线

图 3-135　调整效果　　　　　　　　图 3-136　蒙版显示效果

08 此时图层面板的显示效果如图 3-137 所示。
09 图像的最终效果如图 3-138 所示。

图 3-137　图层面板的显示效果

图 3-138　图像的最终效果

3.4.4　色相/饱和度调色

"色相/饱和度"命令可以轻松改变图像像素的色相,增强和降低色彩的饱和度。

01 执行"文件"|"打开"命令,打开"别墅.jpg"文件,如图 3-139 所示。效果图比较灰,颜色不够鲜艳,可以通过增加画面的饱和度以及微调色相得到理想的效果。

02 单击调整面板上的"色相/饱和度"按钮,创建色相/饱和度调整图层,如图 3-140 所示。

图 3-139　打开文件

图 3-140　创建调整图层

03 在属性面板上将饱和度滑块向右拖动,增加图像的饱和度,如图 3-141 所示。此时会发现草更绿、天更蓝,建筑的质感也得到更准确的表现。

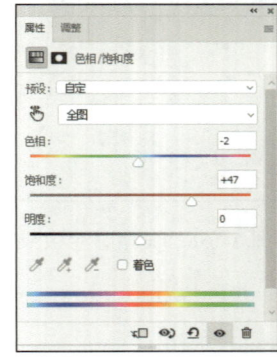

图 3-141　色相/饱和度调整

04 如果选择"着色"选项,所有图像的颜色都变为单一色调,此时用户可以重设图像的色调,着色效果如图 3-142 所示。

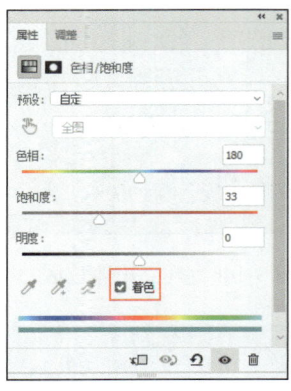 

图 3-142　着色效果

3.4.5　色彩平衡调色

前面已经介绍,"色彩平衡"命令根据颜色互补的原理,通过添加或减少互补色以改变图像的色彩平衡。在使用该命令对图像进行色彩调整时,会影响图像整体色彩的平衡。因此,若要精确调整图像中各色彩的成分,还需要使用"色阶"或者"曲线"等命令。

01 执行"文件"|"打开"命令,打开"鸟瞰.psd"文件,如图 3-143 所示。该图像明显偏绿,从而使草地和山体看起来非常不真实。下面通过为图像添加其他颜色成分,来纠正图像的色偏。

02 选择并显示通道图层,隐藏其他图层,如图 3-144 所示。

 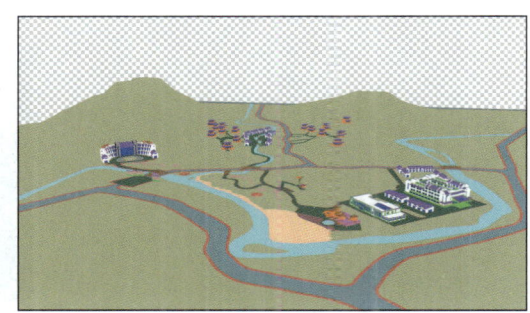

图 3-143　打开文件　　　　　　　　　图 3-144　显示通道图层

03 执行"选择"|"颜色范围"命令,弹出"颜色范围"对话框,使用吸管工具,吸取通道中山体的颜色,如图 3-145 所示。单击"确定"按钮,建立山体选区,如图 3-146 所示。

04 单击调整面板上的"色彩平衡"按钮,创建色彩平衡调整图层,在属性面板上设置参数,如图 3-147 所示。图 3-148 所示为调整后的效果。

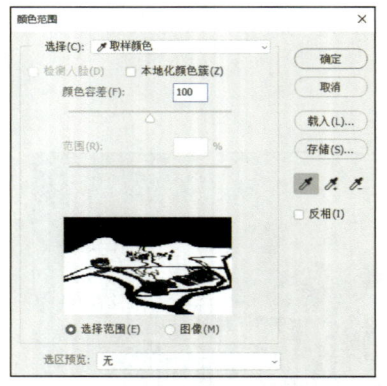

图3-145 "颜色范围"对话框

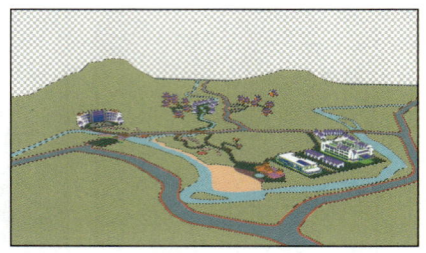

图3-146 建立山体选区

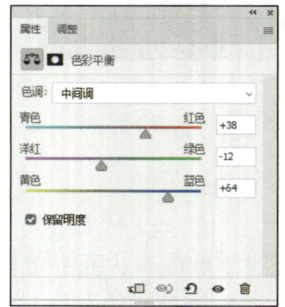

图3-147 色彩平衡参数设置

图3-148 色彩平衡调整后的效果

05 选中色彩平衡图层蒙版，设前景色为灰色，选择画笔工具，在远山和天空的位置上涂抹，消除色彩平衡调整对这些区域的影响。此时的图层面板如图3-149所示，调整效果如图3-150所示。

图3-149 图层面板

图3-150 调整效果

3.4.6 照片滤镜调色

"照片滤镜"命令是通过添加冷、暖色调来调整图像的。使用该命令可以选择预设的颜色，以便快速进行色相调整，还可以通过"颜色"选项后的色块来指定颜色。

01 执行"文件"|"打开"命令,打开"小区.jpg"文件,如图3-151所示。

02 在"调整"面板上单击"照片滤镜"按钮 ,创建照片滤镜调整图层,如图3-152所示。

图3-151　打开文件　　　　　　　　　　图3-152　创建调整图层

03 在"滤镜"列表中设置参数,选择预设的照片滤镜,如图3-153所示。这里选择"加温滤镜(85)",营造偏黄的暖色调效果。

04 图像的最终效果如图3-154所示。

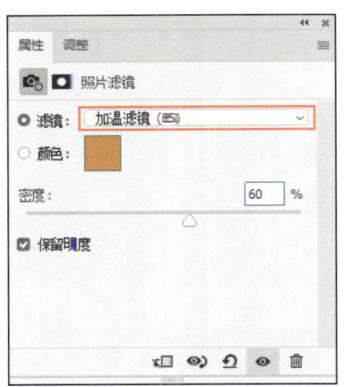

图3-153　设置参数　　　　　　　　　　图3-154　图像的最终效果

第 2 篇　进阶篇

第 4 章
建筑配景原则与合成技巧

建筑配景的添加和处理是建筑后期工作的重要一环。本章首先介绍了配景的使用原则和添加方法,然后重点讲解了配景合成的方法和技巧。

4.1 建筑配景及其使用原则

"红花还得绿叶扶",在效果图场景添加适当的建筑配景,能起到烘托主体建筑、营造气氛的作用,但也不可以乱用滥用,应该根据画面整体布局的需要精心选择、灵活运用,否则就会喧宾夺主、适得其反。

4.1.1 建筑配景的定义

所谓建筑配景,指的是在建筑效果图中用于烘托主体建筑的其他元素。随着效果图制作技术的不断发展,建筑配景也日益丰富和全面,其内容可谓是包罗万象。常见的室外建筑效果图配景有天空、云彩、人、车、雕像、树木、路面、灌木、花丛、草地、路灯、鸟、气球、飞机、水面、石头。室内建筑效果图配景则有人、果盘、盆景、挂画、工艺品、花瓶等。

除了烘托主体建筑外,配景常常还能够起到活跃画面、均衡构图以及增加画面真实感等作用。

4.1.2 建筑配景添加原则

添加建筑配景时应该遵循以下原则。

1. 不可喧宾夺主

配景在建筑效果图中的作用主要是烘托主体、丰富画面、均衡构图、增加画面真实度,说到底,它只是一个"配角"。有些建筑效果图初学者,在添加配景时往往求全求多。辅助建筑、汽车、人物、树木样样齐全,而主体建筑所占整个画面的比例还不及配景。导致建筑的重要部分被遮挡,严重影响了建筑设计构思的表达,这就犯了"过犹不及"的错误。因此配景素材的表达和刻画既要精细,也要有所节制,注意整个画面的搭配与协调,和谐与统一。

2. 选择适当,符合整体构图需要

在选择配景时,还应根据整个画面的布局以及建筑特点来选材,不同的建筑类型所选择的后期素材是有区别的。例如园林效果图这一类要求色彩清新,办公场地效果图要求庄重严肃,别墅效果图要求幽静雅致,临街效果图则要求热闹繁华。

在选择配景时,还应根据整个效果图的画面布局需要,灵活选择。如图4-1所示的场景,在添加树木、人物、假山、水面图像之后,左侧的天空区域仿佛缺了点什么,这就是构图不均衡的问题。

而如果在画面左上角位置添加一根挂角近景树,就会使整个画面产生均衡感,如图4-2所示。

3. 尽量贴近真实

一般而言,后期素材在于平时的发现和积累。一般用真实的照片取材会比较贴近现实,而人为的造景则可能显得生硬,处理痕迹也常会显露出来,致使整个效果图显得不真实,所以在后期处理中要尽量贴近现实取材,例如斑驳的树林影子,或错落有致的花丛、草丛,以及画面感丰富的水面和天空等,来源于生活,贴近于生活,则自然真实。

图 4-1　构图不均衡的场景

图 4-2　添加挂角树平衡构图

4.1.3　建筑配景的添加步骤

1. 添加环境背景

添加建筑效果图配景，首先是添加环境背景，以构建出效果图的整体布局和框架。这是效果图后期处理至关重要的一环。添加的环境背景既要反映作品的环境特征，也要衬托出效果图的整体气氛。主环境背景通常都是使用一幅天空图像，但若单独使用天空图像，则整个画面会显得过于空旷，地面与天空衔接的地方也会显得生硬，如图4-3所示，所以一般都需要添加辅助建筑和树林配景。

图 4-4 所示为在场景中同时加入天空、辅助建筑和树林配景时的效果，远方的建筑增加了画面的层次和景深，模拟出生活中的街道、楼群和树林绿化效果，天空与地面通过建筑和树林巧妙地衔接在一起，这样的效果图构图饱满、画面充实，准确地营造出了真实的环境气氛。远处的楼群通过降低图层的不透明度，使之与天空背景很好地融合在一起。

图 4-3　单独使用天空图像制作背景

图 4-4　添加辅助建筑和树林制作背景

2. 添加近景和其他配景

在效果图的场景中，近景的作用同样不可忽视。近景一般可用灌木、树木、树叶、人物等配景，如图4-5所示。通过添加一些近景，可以增强画面的空间感和进深感；其次是调整画面结构，使结构图更显均衡。但是，近景数量要适度，过多则太杂，喧宾夺主，过少则显单调。处理的原则是把握好画面的整体感。

图 4-5　添加人物等近景配景

不同性质的建筑有着不同的环境气氛。处理小区居住建筑的环境就不能与处理商业建筑、大型的公共建筑的方法一样。小区居住环境可以增加一些路灯、花坛小品、栏杆等配景来增强画面的生动性和真实性。

4.1.4　收集配景的途径

效果图后期处理的成败，丰富、精美的配景也是一个非常关键的因素。这需要平时大家在工作之余多注意整理、收集。随着近年来建筑设计行业的迅速发展，成立了许多专业制作配景素材的图像公司，大家可以直接通过购买这些公司的产品来得到相关的专业配景素材，目前常用的建筑配景市面上都有出售。

此外，通过扫描仪和数码相机也可以收集到许多我们生活当中的配景素材。特别是在制作实际的建筑项目时，会需要该地点周围环境的配景，这时使用数码相机进行实际拍摄，就是最好不过的方式了。

4.2　配景自然合成技巧

建筑是空间表现的艺术，要将众多的配景元素与建筑自然地合成，表现出空间感和立体感，得到真实的图片效果，必须遵循一定的空间透视关系和空间规律。"近大远小""远处模糊近处清晰"是两个可遵循的规律，也是后期处理中的基本原则。

4.2.1　透视和消失点

1. 透视和消失点的定义

由于我们的视觉关系，所看到的同样宽窄的道路、田野等，会觉得越远就越窄，同样看到的人、电线杆、枕木等，越远就越小，最后消失在视野的尽头，如图 4-6 所示。我们把这种现象称之为"透视现象"，那么我们看到的视野的尽头实际上就是消失点。

图 4-6　透视消失点

我们在进行几何体、静物、风景等绘画时，都必须掌握好透视规律，才能准确地描绘出物体在空间各个位置的透视变化，使物体具有空间感、纵深感和距离感，如图 4-7 所示。

图 4-7　绘画作品

那么在一幅图片中怎样确定其透视消失点呢？下面来看图 4-8 的图解。

图 4-8　透视消失点示意图

理解消失点和视平线，对于合成建筑配景具有重要的意义。

在后期处理中，一般会根据建筑的透视关系，新建一个透视关系层，用线条标注出透视关系，再进行相关的配景合成操作。这样做的目的很明显，就是为了从宏观的角度把握好整幅图的空间感，使之看起来更接近真实场景。

如果初学者在后期处理中忽略了透视关系，那么制作出来的图像可能会显得不自然、不真实，因而也就失去了透视的魅力。

提示　3ds Max 渲染的图像不会显示出视平线和消失点，对于初学者来说，靠感觉完成操作是很困难的。在 Photoshop 合成配景时，可以新建一个图层，沿着建筑的连线绘制视平线和消失线，然后根据这些参考线进行配景合成。

2. 透视的分类

在 3ds Max 中创建摄影机时，通过调整摄影机（视点）和目标点的位置和角度，可以渲染得到不同消失点个数的透视图。根据消失点的个数，可以将透视图分一点透视（又称平行透视）、两点透视（又称成角透视）及三点透视（斜角透视）三种，如图 4-9 所示。

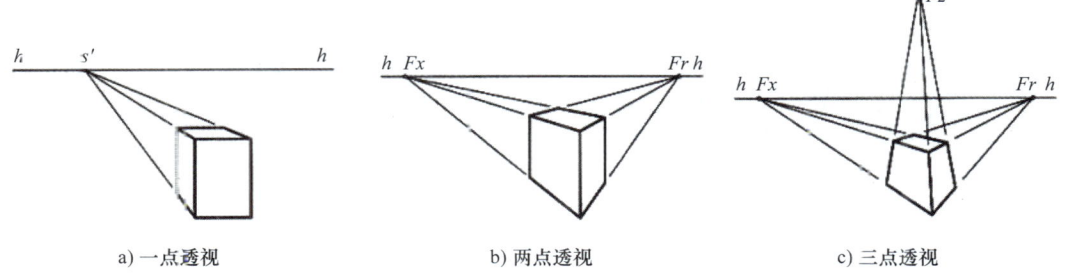

图 4-9　三种透视关系示意图

一点透视（平行透视）是表现三维空间立体感的最基本的方法，它只有一个消失点。当建筑的一个面与摄影机视平面平行时，即可得到一点透视效果，常用于室内效果图和对称建筑的表现，如图 4-10 所示。

图 4-10　一点透视建筑效果图

两点透视（成角透视）有两个消失点，两侧的延长线形成一定角度，可以很好地表现建筑的受光面和阴影面，具有极强的立体感，是室外建筑表现最常用的透视方法。如图 4-11 所示。

图 4-11　两点透视建筑效果图

三点透视（斜角透视）有3个消失点，位于画面两侧或上、下的位置，如图4-9c所示。三点透视适合于鸟瞰图和特殊场景表现，如图4-12所示。

图4-12　三点透视建筑效果图

在前面介绍的一点和两点透视中，建筑物的垂直方向延长线都是垂直于水平面的，与我们在日常生活中看到的建筑相符。

在3ds Max中创建摄影机时，当摄影机与目标点位于一个水平高度时，即可保证渲染得到的建筑物垂直线与画面水平面垂直。否则就会得到摄影机俯视或仰视的三点透视效果，此时的建筑物垂直线不与画面水平面垂直。

4.2.2　远近距离的表现

"远小近大"是表现空间透视感的方法，但是有时只靠把近处的对象绘制得大一些，把远处的对象绘制得小一些是远远不够的。

由于空气的阻隔，空气中稀薄的杂质造成物体距离越远，看上去形象越模糊，所谓"远人无目，远水无波"就是这个道理。此外，同样颜色的物体距离近则色彩鲜明，距离远则色彩灰淡。

如图4-13所示的图像，远处的建筑和树木虽然满足"远小近大"的基本透视规律，但颜色和亮度仍然很高，使整体效果显得不够真实。

图4-13　只根据大小表示远近感

通过在 Photoshop 中降低图层的透明度，减少颜色的纯度和亮度，可以大大增加场景的真实感和透视感，如图 4-14 所示。

远处的景物同时还存在着另外一种色彩现象，由于空气中含有水汽，在一定距离之外的物体偏蓝，距离越远偏蓝的倾向越明显。因此在使用群山作为远景背景时，靠调整为纯度很高的蓝色，如图 4-15 所示。

图 4-14　根据大小和明暗表示远近感　　　　图 4-15　远景的颜色变化

根据配景离视点的远近，我们可以将画面中的对象划分为近景、中景和远景三个层次，如图 4-16 所示。针对不同的层次，可以使用不同的颜色处理方案，远景对象宜用纯度低的颜色，近景对象宜用鲜艳的颜色，在近景和中景中同时也需要表现出对象的远近，从而得到远近感强烈、层次分明的合成效果。

图 4-16　近、中、远景示意图

4.2.3 配景色彩搭配

1. 冷暖协调 相得益彰

色彩大致分为冷、暖两种色调，冷色调给人以静默、严肃、庄重之感，而暖色调则给人温馨、浪漫、热闹之感。

在一幅效果图中，不可能出现全是冷色调或全是暖色调的效果。而是在颜色的搭配上有所侧重，氛围或者偏暖，或者偏冷，以达到预期的效果，如图 4-17 所示。

图 4-17　冷暖色调对比

2. 色彩多样 灵动有致

在一幅效果图中，颜色不能是单一的，那样看上去会显得呆板而且没有层次感，画面也显得不够生动。所以在使用色彩的时候，一定要注意灵活地穿插不同的色彩，使画面看上去和谐，灵动有致，极富色彩变化的魅力，如图 4-18 所示。

图 4-18　色彩多样化

4.2.4 光影的表现

我们都知道，光通过水面会产生折射和反射，一部分光线折射到水里，一部分光线通过反射返回到空气中，又会再次投射到建筑物或者其他的植被上。水面因为光线的入射会变亮，看上去波光粼粼，而岸边植被反射的光线也会投射到水面，产生美丽的倒影，这样就产生了层次较为丰富的光影效果，如图 4-19 所示。

图 4-19　光影效果

同样，光线照射到植被上，也会产生反射效果，植被受光的地方变亮，颜色变浅。而未受光的地方则会变暗，颜色相对较深。一般来说，在效果图中，光线从上往下照射，那么树冠的颜色相对较浅，树冠以下颜色渐次加深，受光面颜色较浅，背光面颜色较深，如图 4-20 所示。

光线在建筑物上的表现也不难。一般在前期建模的时候，就已经将灯光效果调整得差不多了，这里只需要简单地调整光线的强弱程度即可。也可根据效果表现的不同需要，局部提亮建筑物，或局部加深某些区域，以达到自己满意的效果，如图 4-21 所示。

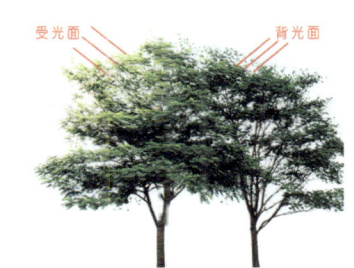

图 4-20　受光面和背光面的光线表现手法

图 4-21　光线在建筑物上的表现

所以在后期处理的过程中，一定要把握好光线的变化，遵循光线的投射法则，处理方式万变不离其宗。

4.2.5　光线的统一

如图 4-22 所示场景，右侧建筑墙面因为是受光面，墙面和玻璃颜色亮度高，反光强烈，其下方的植物等配景，由于日光的照射而颜色鲜艳夺目，整体色调偏暖。

画面左侧的建筑墙面由于是背光面，颜色暗淡，对比度和亮度低，整体色调偏冷。受光面和背光面颜色、色调的强烈对比，使整个场景显得真实可信，具有极强的艺术感染力。

而如果在配景添加时，不统一光的方向，使阴影关系错乱，不区分背光面和受光面，如图 4-23 所示，就会使整个场景显得不真实，缺乏艺术感染力。

图 4-22　层次分明的高光和阴影场景　　　　图 4-23　光的方向不统一的场景

第 5 章
建筑后期处理基本技法

前面一章我们对建筑效果图后期处理技巧和方法进行了概括性的介绍，这一章我们主要针对一些常见的基本元素的处理以及相关技巧和准则进行实例讲解，从实际应用的角度来学习建筑效果图的后期处理方法。

5.1 立竿见影——影子处理技巧点拨

在建筑后期中,影子的制作是至关重要的,它可以使场景空间感更加强烈,更具有主次感。在学习如何制作影子之前,回想生活中接触到的影子,了解在不同的时间,不同的物体产生影子的特点。这样在制作影子的过程中才能胸有成竹,使影子效果更加逼真。

5.1.1 直接添加影子素材

直接添加影子的方法比较简单,关键是能找到纹理清晰、比例关系协调的影子素材,然后将它直接添加到效果图中,稍微调整即可。

01 按 Ctrl+O 快捷键,打开"别墅素材.jpg"文件,如图 5-1 所示。
02 按 Ctrl+O 快捷键,继续打开"影子素材.png",如图 5-2 所示。

图 5-1 打开别墅素材文件

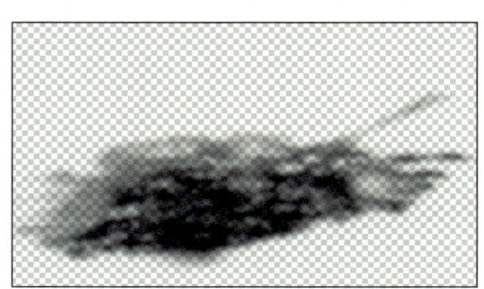

图 5-2 打开影子素材文件

03 将影子素材文件移动至别墅素材文件窗口中,置于左下角。按 Ctrl+T 键,进入变换状态。右击,弹出快捷菜单,选择"水平翻转"选项,如图 5-3 所示。
04 按 Ctrl 键微调阴影的透视,如图 5-4 所示。

图 5-3 选择选项

图 5-4 微调阴影的透视

05 按 Enter 键确定变换操作,设置该图层的混合模式为"强光","不透明度"为 70%,如图 5-5 所示。
06 影子的显示效果如图 5-6 所示。

图 5-5　设置参数

图 5-6　影子的显示效果

07 根据常识我们知道，影子的边缘是很模糊的。所以需要对影子的边缘进行擦除处理。选择橡皮擦工具，设置参数如图 5-7 所示。

图 5-7　橡皮擦选项设置

08 在影子边缘进行擦除，如图 5-8 所示。

09 执行"滤镜"|"模糊"|"动感模糊"命令，弹出"动感模糊"对话框，设置参数如图 5-9 所示。

图 5-8　擦除影子边缘

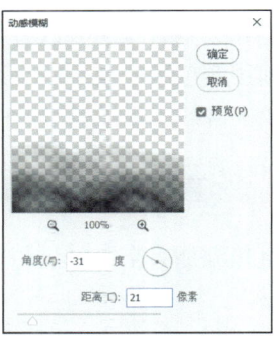
图 5-9　设置参数

10 单击"确定"按钮应用模糊，最终效果如图 5-10 所示。

图 5-10　最终效果

5.1.2 使用影子照片合成

将众多的配景元素与建筑进行自然地合成，表现出空间感和立体感，得到真实照片般的效果，必须遵循一定的透视和空间规律。"远小近大，远模糊近清晰"是配景合成的基本原则。

使用影子照片合成倒影的前后对比效果如图 5-11 所示，详细的操作过程请观看教学视频。

图 5-11　使用影子照片合成倒影的前后对比效果

5.2　天空不空——天空处理技巧点拨

天空的表现对于建筑透视图制作具有重要的意义。通过添加不同的天空背景，在色彩、亮度以及云彩大小、形状上予以丰富的变化，将为建筑营造出不同的氛围。

制作天空背景的方法有三种。一种是直接将合适的天空背景素材，添加到效果图中；第二种是利用颜色渐变制作晴空万里或者夜晚的天空；第三种是利用素材合成，制作颜色、层次变换比较丰富的黄昏效果的天空。

5.2.1 直接添加天空背景素材

直接添加天空素材法相对简单，只需要根据建筑和环境，选择合适的天空，直接添加进来就可以了。

01 运行 Photoshop 软件，按 Ctrl+O 快捷键，打开示例文件如图 5-12 所示。

02 展开图层面板，里面包含了 3 个图层。即背景图层"图层 0"、材质通道图层"图层 1"、建筑图层"图层 2"，如图 5-13 所示。本实例将学习给建筑效果图添加天空背景的方法。

 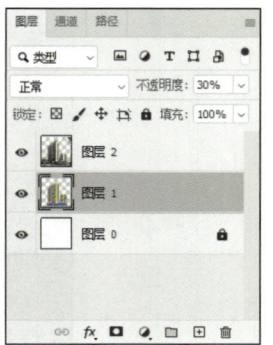

图 5-12　示例文件　　　　　　　图 5-13　图层关系

第 5 章　建筑后期处理基本技法

03 打开一张天空背景图像，如图 5-14 所示。按 Ctrl+A 快捷键，全选图像。按 Ctrl+C 快捷键，复制选区内的图像。

04 回到当前效果图的操作窗口，按 Ctrl+V 快捷键粘贴图像，即可得到如图 5-15 所示的效果。按 Ctrl+T 快捷键，开启自由变换，可以继续根据需要调整天空背景的大小和位置。

图 5-14　天空背景

图 5-15　添加天空背景效果

> **技巧**　利用创成式填充功能，在任务栏中输入提示词，如"蓝天白云"，单击"生产"按钮，在选区内显示生成天空结果，如图 5-16 所示。在属性面板中单击"生成"按钮，可以继续生成。

图 5-16　生成天空素材

5.2.2　巧用渐变工具绘制天空

渐变工具绘制天空的方法，一般适合于制作晴朗无云的晴空，天空看起来宁静、高远、干净得没有一丝杂质。

1. 方法一

01 单击工具箱前景色色块，在弹出的"拾色器"对话框中设置前景色为天空最深的颜色，这里设置为深蓝色 #4681d4。单击背景色色块，设置背景色为天空最浅的颜色，这里设置为白色，如图 5-17 所示。

02 选择渐变工具 ■，在工具栏渐变列表框中选择"前景色到背景色渐变"类型，按下线性渐变选项按钮 ■，如图 5-18 所示。

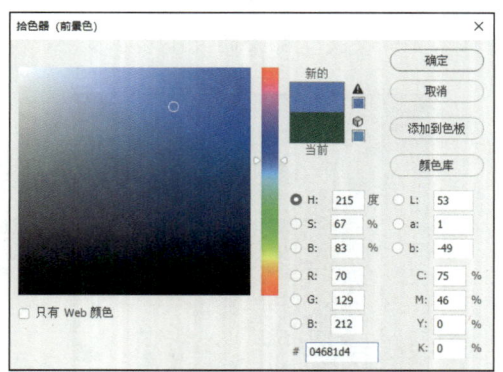

图 5-17　设置前景色

图 5-18　渐变工具参数设置

03 打开渲染图像，选择图层 1，如图 5-19 所示，执行"新建图层"操作，在该图层上方新建一个图层 2。

04 移动光标至画面左上角，然后拖动光标至画面右下角，填充渐变如图 5-20 所示，得到天空亮光在画面右侧的天空效果。

图 5-19　打开渲染图像

图 5-20　填充渐变

使用渐变工具制作的天空给人一种简洁、宁静的感觉，比较适合主体建筑较为复杂的场景使用。

2. 方法二

本方法可以方便控制天空白色区域的大小。

01 设置前景色如图 5-17 所示。

02 按 Alt+Delete 键，在天空图层中填充深蓝色，如图 5-21 所示。

03 按 X 键，交换当前系统前/背景色。选择渐变工具 ■，在工具栏中设置渐变为"前景到透明"类型，如图 5-22 所示。

04 在"图层 1"上方新建"图层 2"，从画面右下角向左上方拖动光标，填充白色到透明

图 5-21　填充深蓝色

渐变，显示天空的高光区域。通过设置图层的"不透明度"参数值，可以调整颜色浓淡，在画面中表现方向的远近，如图5-23所示。

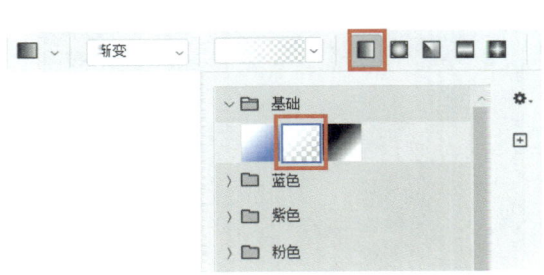

图5-22 选择渐变类型

图5-23 设置图层不透明度

3. 方法三

本方法使用颜色调整的方法制作天空的远近距离感。

01 新建"图层1"，按Alt+Delete键填充深蓝色，如图5-21所示。
02 按D键，恢复前/背景色为默认的黑白颜色。
03 按下工具箱"快速蒙版模式编辑"按钮 或Q键，进入"快速蒙版编辑"模式。
04 选择渐变工具 ，从画面右下角向左上角方向拖动光标，填充一层半透明的红色蒙版，如图5-24所示。

图5-24 填充渐变

05 按Q键，退出"快速蒙版编辑"模式，得到如图5-25所示的选区。
06 按Ctrl+Shift+I快捷键，反向选择当前选区，如图5-26所示。

图5-25 得到选区

图5-26 反向选择当前选区

07 执行"图像"|"调整"|"亮度/对比度"命令，打开"亮度/对比度"对话框，向右拖动亮度和对比度滑块，设置参数如图5-27所示。

08 画面中出现有远近变化的天空效果，如图5-28所示。

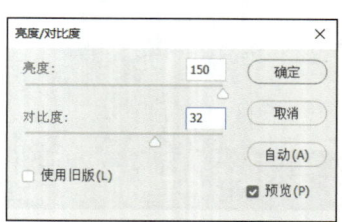

图 5-27　设置参数

图 5-28　调整效果

5.2.3　合成法让天空富有变化

素材合成法适合制作颜色、层次变换有度的天空，使天空看起来具有黄昏的美感，温暖而切合人的心情。

利用素材合成法制作天空的前后对比效果如图5-29所示，详细的操作过程请观看教学视频。

图 5-29　利用素材合成法制作天空的前后对比效果

5.3　绿林年华——绿篱处理技巧点拨

绿篱是由灌木或小乔木以近距离的株行距密植，紧密结合且规则分布的种植形式。在制作绿篱之前，需要了解其特点。在效果图中，绿篱一般需要表现3个面，一个顶面和两个侧面。3个面的明暗关系可以根据太阳光方向决定。一般情况下，白天的太阳光照在顶面，所以顶面是最亮的。

绿篱因其可修剪成各种造型并能相互组合，从而提高了观赏效果。此外，绿篱还能起到遮盖不良视点、隔离防护、防尘防噪等作用。

制作绿篱的前后对比效果如图5-30所示。具体的操作过程请观看教学视频。

图 5-30　制作绿篱的前后对比效果

5.4　惟妙惟肖——岸边处理技巧点拨

在建筑后期处理中，岸边的处理方法有多种，有比较简洁的岸边处理，也有稍微复杂的古典式的岸边处理和自然式的岸边处理。

岸边处理的最终效果如图 5-31 所示，详细的操作过程请观看教学视频。

图 5-31　岸边处理的最终效果

5.5　层峦耸翠——山体处理技巧点拨

作为园林的骨架，山体常作为画面的背景使用，依山傍水是人们普遍向往的优美环境。在建筑后期处理过程中，山体也是根据建筑的类型以及环境来表现的。不同的环境，不同的建筑类型，以及不同的季节都会有不同的山体表现。这里需要谨记一个山体处理的原则，即"远山取势，近山取质"。

为住宅区添加远山的最终效果如图 5-32 所示。详细的操作过程请观看教学视频。

图 5-32　添加远山的最终效果

5.6 千姿百态——假山瀑布处理技巧点拨

假山的制作在这一章节中是比较难的知识点，也是必须要掌握的后期处理的重点。假山有五大特点：透、漏、瘦、皱、丑。在制作假山的过程中，要注意表现它的特点。

制作假山瀑布的前后对比效果如图5-33所示。详细的操作过程请观看教学视频。

图5-33　制作假山瀑布的前后对比效果

5.7 流光溢彩——喷泉叠水处理技巧点拨

园林水体可以分为静水、流水、跌水、喷水等，不同的水体可以产生不同的姿态，形成不同的景观效果。其中喷泉和叠水是最为常见的两种跌水形式，可以增加周围空气的湿度，减少尘埃，降低气温。本节介绍喷泉和叠水的制作方法。

5.7.1 喷泉的制作

通过添加喷泉素材并更改喷泉图层的混合模式，可以快速地制作出喷泉效果。

❶ 打开假山素材文件，如图5-34所示。

❷ 打开喷泉素材文件。选择套索工具 ，设置选项栏中的"羽化"值为3像素，沿着喷泉的边缘建立选区，如图5-35所示。

图5-34　打开假山素材文件　　　　　　　图5-35　建立喷泉选区

03 使用移动工具 ![移动], 拖动并复制喷泉选区至假山素材文件, 放置在右侧的水面上, 如图 5-36 所示。

04 设置该图层的混合模式为"变亮", 如图 5-37 所示。

图 5-36　添加喷泉

图 5-37　变亮模式

05 选择橡皮擦工具 ![橡皮擦], 设置选项栏中的"不透明度"为 70%, 选择"柔边圆"画笔, 擦除喷泉图像周围生硬的边缘, 使其过渡得更为自然些, 如图 5-38 所示。

06 按 Alt 键拖动喷泉至左侧的水面上, 复制一份"喷泉"图层, 如图 5-39 所示。

图 5-38　擦除边缘

图 5-39　复制一份"喷泉"图层

07 在图层面板最上方创建一个色彩平衡调整图层, 在该属性面板上设置参数, 如图 5-40 所示, 并单击底部的 ![按钮] 按钮, 创建剪贴蒙版。

08 参数设置完毕后, 关闭属性面板, 最终效果如图 5-41 所示。

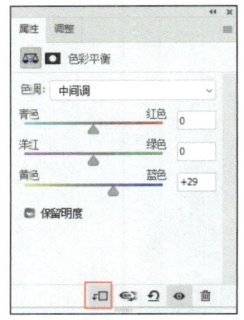
图 5-40　色彩平衡面板

图 5-41　最终效果

5.7.2 叠水的制作

喷泉中的水分层连续流出或呈台阶状流出称为叠水。叠水可以为水景添加层次感。为小区添加叠水景观的效果如图 5-42 所示，详细的操作过程请参考教学视频。

图 5-42　添加叠水景观的效果

5.8 绿树成荫——树木调色和搭配技巧

使用树木配景可以使建筑与自然环境融为一体，因此，在进行室外效果图的后期处理时，必须为场景添加一些树木配景。作为建筑配景的植物种类有乔木、灌木、花丛、草地等，通过不同层次、不同品种、不同颜色、不同种植方式的植物搭配，可以形成丰富多样、赏心悦目的园林景观效果，表现出建筑环境的优美和自然。

5.8.1 树木颜色调整

在前面的章节中讲到过，色彩有色调之分，不同的色调可以表现不同的气氛，也可以表现不同的季节特点。春天的绿色总是嫩嫩的浅绿，夏天是最茂盛的季节，浓荫深绿，秋天开始泛黄，秋意阵阵。总体而言，休闲的生活场所一般使用暖色调，而正式、庄重的场所常常采用冷色调来表现环境气氛。

调整树木颜色的前后对比效果如图 5-43 所示。具体的操作过程请观看教学视频。

图 5-43　调整树木颜色的前后对比效果

5.8.2 树木受光面的表现方法

树木暴露在光线里，根据光线投射规律，我们知道，树木在受光面和背光面会有一定的光线和颜色的变化，如图 5-44 所示。那么在后期处理的时候，怎样来表现这样一些细微的变化呢？这一节就来学习树木受光面的表现方法。

1. 调整色阶法

通过调整色阶来制作树木受光面的前后对比效果如图 5-45 所示。具体的操作过程请观看教学视频。

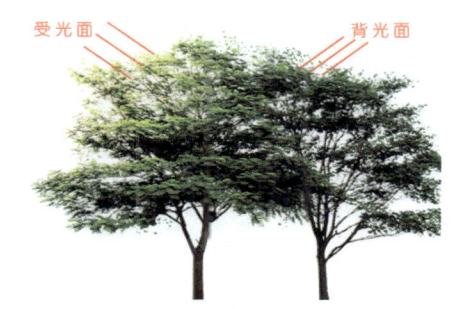

图 5-44 受光面和背光面的光线表现手法

图 5-45 调整色阶来制作树木受光面的前后对比效果

2. 调整曲线法

通过调整曲线来制作树木受光面的效果如图 5-46 所示。具体的操作过程请观看教学视频。

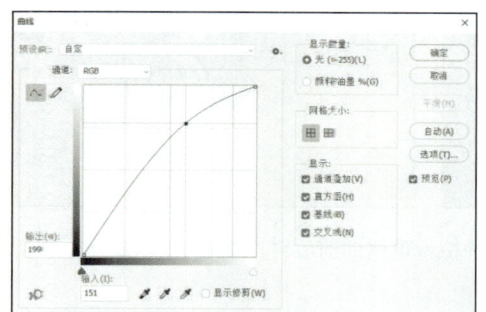 

图 5-46 调整曲线来制作树木受光面的效果

3. 图层混合法

图层混合法是利用不同图层之间颜色的差值，经过计算，得到我们所需要的效果的一种方法。

通过图层混合法来制作树木受光面的效果如图 5-47～图 5-48 所示。具体的操作过程请观看教学视频。

图 5-47　绘制光点

图 5-48　最终效果

5.8.3　种植行道树

行道树就是种植在道路两侧的树木。这一类树木在后期处理中常见于鸟瞰图，由于鸟瞰图视角在规划区的上方，所以可视范围比较广。如果效果图中的道路不利用行道树加以修饰和遮挡，道路会显得很单调和呆板，整个画面也会显得不自然、缺乏美感。

种植行道树的前后对比效果如图 5-49 所示。具体的操作过程请观看教学视频。

图 5-49　种植行道树的前后对比效果

5.8.4　植物修边处理

使用 Photoshop 选择工具"挖出"的各类配景，难免会在边缘位置产生一圈难看的锯齿线条，特别是植物等配景素材，使得配景与场景不能很好地融合，影响到建筑效果图的质量。

植物修边的效果如图 5-50～图 5-51 所示。具体的操作过程请观看教学视频。

图 5-50 原图像　　　　　　　　　　　图 5-51 建立选区

5.9 一米阳光——光线效果表现

美的发现源于生活。清晨的阳光和着薄薄的雾霭，穿隙而下，是怎样的心旷神怡？傍晚的阳光，暖暖地照射在窗台，又是怎样的温馨浪漫？在后期处理中，往往会遇到这样的关于光线的处理问题，那么怎样才可以随心所欲地制作出光线呢？

本节我们将简单地介绍光线的几种制作方法，希望起到抛砖引玉的作用。

5.9.1 画笔绘制光束效果

利用画笔绘制光束的前后对比效果如图 5-52 所示。具体的操作过程请观看教学视频。

图 5-52 利用画笔绘制光束的前后对比效果

5.9.2 制作镜头光晕效果

制作镜头光晕的前后对比效果如图 5-53 所示。具体的操作过程请观看教学视频。

图 5-53 制作镜头光晕的前后对比效果

> 提示：镜头光晕主要是模拟太阳光照射产生的光晕效果，用于晴天且视角为仰视的效果图较多。

5.9.3 动感模糊绘制穿隙效果

制作动感模糊的前后对比效果如图 5-54 所示。具体的操作过程请观看教学视频。

图 5-54 制作动感模糊的前后对比效果

5.10 霓虹闪烁——霓虹灯制作技巧点拨

每当夜幕降临，城市就会隐现在霓虹闪烁的灯光中。这奇妙的景象，斑斓的色彩，总是勾起人们对城市生活的向往，那么在后期处理中怎样来表现这一些奇妙的景象呢？这就是本节将要探讨的话题。

5.10.1 外置画笔绘制霓虹灯

除了软件自身携带的画笔，我们还可以去网上下载一些合适的画笔，将下载的画笔为自己所用，也是一种提高工作效率行之有效的方法。在本例中使用光域网画笔制作霓虹灯光，绘制结果如图 5-55 所示。详细的操作过程请参考教学视频。

图 5-55 绘制霓虹灯的效果

5.10.2 图层样式制作发光字

我们常常看到繁华的街道两侧，处处都是发光字招牌，给夜晚的街道营造了一种嘈杂、热闹的气氛，成了一道亮丽的风景线。那么这些发光字招牌在后期处理中应该如何来制作呢？本节利用"图层样式"来制作发光字，结果如图 5-56 所示。详细的操作过程请观看教学视频。

图 5-56　制作发光字的效果

5.11 人来人往——人物配景添加技巧点拨

在进行室外效果图后期处理时，适当地为场景添加人物是必不可少的。因为人物配景的大小为建筑尺寸的体现提供了参照。添加人物配景，不仅可以烘托主体建筑、丰富画面、增加场景的透视感与空间感，还使得画面更加贴近生活，富有生活气息。

在添加人物配景时，需要注意以下几点。
- 所添加人物的形象和数量要与建筑的风格相协调。
- 人物与建筑的透视关系以及比例关系要一致。
- 为人物制作的阴影要与建筑的阴影相一致，还要有透明感。

下面以一个具体的实例介绍人物添加的方法和注意事项，添加人物素材前后效果对比如图 5-57 所示。详细的操作过程请观看教学视频。

添加前　　　　　　　　　　　　　　添加后

图 5-57　添加人物素材前后效果对比

第3篇 实战篇

第 6 章
彩色户型图制作

户型图是房地产开发商向购房者展示楼盘户型结构的重要手段。随着房地产开发业的发展，对户型图的要求越来越高，真实的材质和家具模块被应用到户型图中，从而使购房者一目了然。

户型图制作流程如下。

（1）整理 CAD 图样内的线。除了最终文件中需要的线，其他的线和图形都要删除。
（2）使用已经定义的绘图仪类型将 CAD 图样输出为 EPS 文件。
（3）在 Photoshop 中导入 EPS 文件。
（4）填充墙体区域。
（5）填充地面区域。
（6）添加室内家具模块。
（7）最终效果处理。

6.1 从户型图中输出 EPS 文件

户型图一般都是在 AutoCAD 中绘制，要使用 Photoshop 对户型图进行上色和处理，必须从 AutoCAD 中将户型图导出为 Photoshop 可以识别的文件格式，这是制作彩色户型图的第一步，也是非常关键的一步。

6.1.1 添加 EPS 打印机

从 AutoCAD 导出图形文件至 Photoshop 中的方法较多，可以打印输出 TIF、BMP、JPG 等位图图像，也可以输出为 EPS 等矢量图像。

这里介绍输出 EPS 的方法。因为 EPS 文件是矢量图像格式，文件占用空间小，而且可以根据需要自定义最后出图的分辨率，满足不同精度的出图要求。

将 CAD 图形转换为 EPS 文件，首先必须安装 EPS 打印机。在 AutoCAD 中打开平面布置图，单击"文件"|"绘图仪管理器"命令添加打印机，结果如图 6-1 所示。详细的操作过程请观看教学视频。

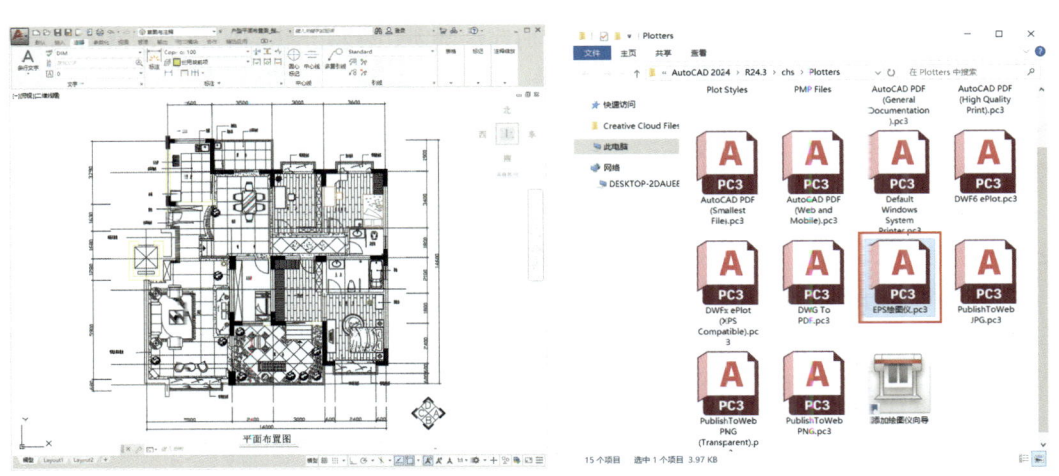

图 6-1　添加 EPS 打印机

6.1.2 打印输出 EPS 文件

为了方便 Photoshop 选择和填充，在 AutoCAD 中导出 EPS 文件时，一般将墙体、填充、家具和文字分别进行导出，然后在 Photoshop 中合成。

打印输出墙体图形时，图形中只需保留墙体、门、窗图形即可。其他图形，可以通过关闭图层的方法来隐藏该图形，例如轴线、文字标注等。

为了方便在 Photoshop 中对齐单独输出的墙体、填充和文字等图形，需要在 AutoCAD 中绘制一个矩形，如图 6-2 所示，确定打印输出的范围，确保打印输出的图形大小相同。

设置打印参数如图 6-3 所示。详细的操作过程请观看教学视频。

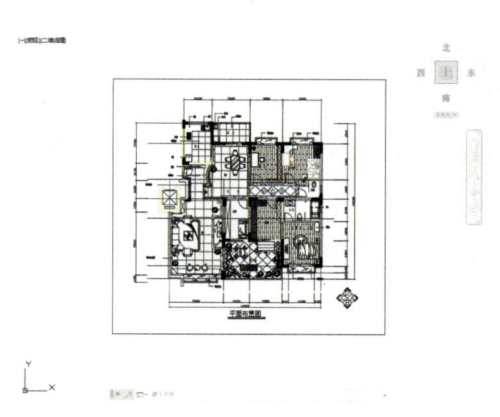

图 6-2　绘制矩形　　　　　图 6-3　设置打印参数

6.2　室内框架的制作

墙体用来分隔室内空间，将室内空间划分为客厅、餐厅、厨房、卧室、卫生间、书房等功能相对独立的封闭区域。使用魔棒工具 分别选择墙体，并填充相应的颜色，清晰地展现室内不同的空间。

6.2.1　打开并合并 EPS 文件

EPS 文件是矢量图像格式，在为户型图着色之前，需要将矢量图像栅格化为 Photoshop 可以处理的位图图像，图像的大小和分辨率可根据实际需要灵活控制。

运行 Photoshop，按下 Ctrl+O 快捷键，打开"户型图 – 墙体 .eps"文件。系统弹出"栅格化 EPS 格式"对话框，设置转换矢量图像为位图图像的参数，用户可以根据户型图打印输出的目的和大小，设置相应的参数，如图 6-4 所示。最终的操作结果如图 6-5 所示。

详细的操作过程请观看教学视频。

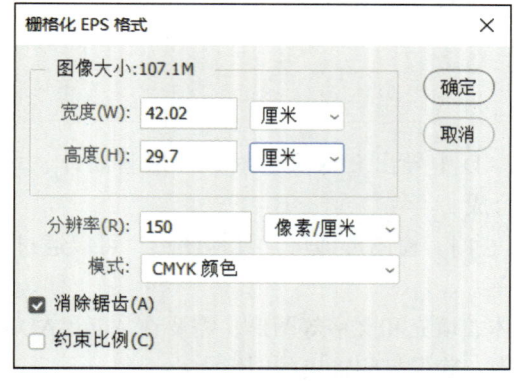

图 6-4　参数设置

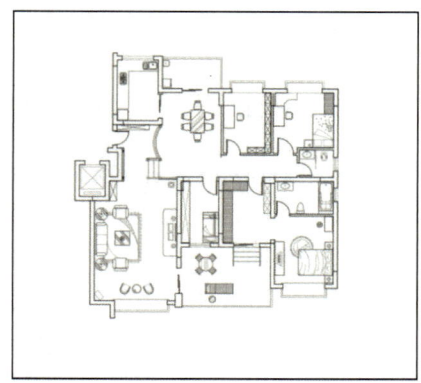

图 6-5　操作结果

 **技巧** 宽度、高度和分辨率参数设置得越高，栅格化后的图像就会越大。

6.2.2 墙体的制作

01 按 Ctrl+Shift+N 组合键，新建"墙体"图层，如图 6-6 所示。

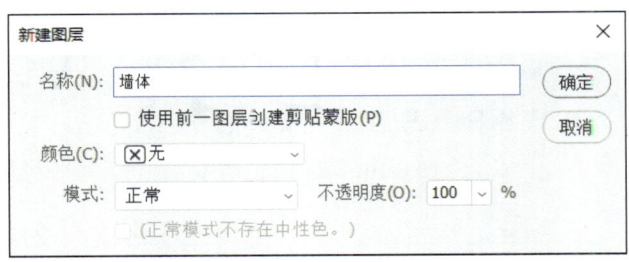

图 6-6 新建"墙体"图层

02 选择"墙体"图层。使用魔棒工具，在工具栏中设置参数，如图 6-7 所示。选择"对所有图层取样"选项，以便在所有可见图层中应用颜色选择，避免反复在"墙体"图层和"墙体线"图层之间切换。

图 6-7 设置魔棒工具栏参数

03 在墙体区域空白处单击，选择墙体区域，相邻的墙体可以按 Shift 键一次选择，如图 6-8 所示。

04 按 D 键，恢复显示前/背景色为默认的黑/白颜色，按 Alt+Delete 快捷键填充黑色，如图 6-9 所示。

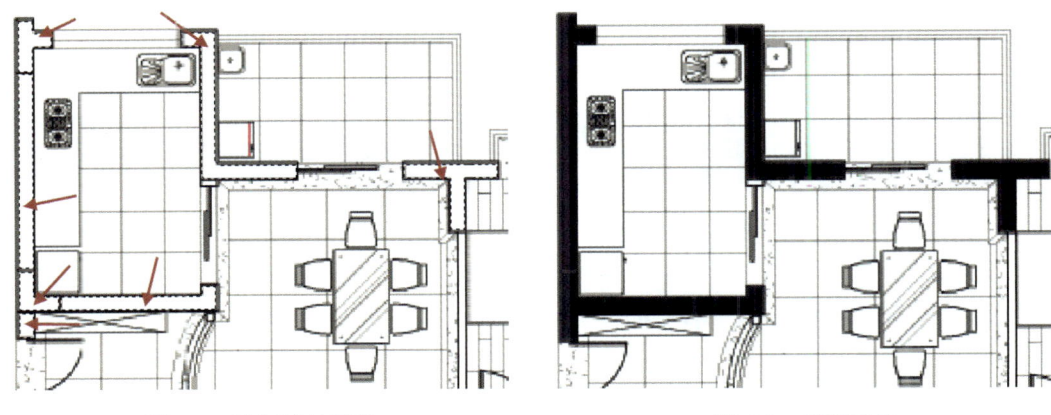

图 6-8 选择墙体区域　　　　图 6-9 填充墙体

05 使用同样的方法，完成其他墙体的填充，如图 6-10 所示。

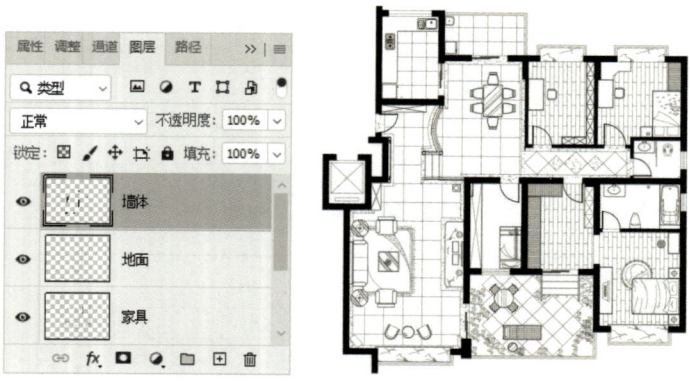

图 6-10 填充其他墙体

6.2.3 窗户的制作

户型图中的窗户一般使用青色填充表示。填充窗户颜色的效果如图 6-11 所示，详细的操作案例请观看教学视频。

图 6-11 填充窗户颜色的效果

6.3 地面的制作

为了更好地表现整个户型的布局和各功能区域的划分，准确地填充地面就显得非常必要。

在填充地面时应注意两点，一是选择地面要准确，对于封闭区域可使用魔棒工具 ![]。未封闭区域则可以先绘制线条封闭，或结合矩形选框工具 ![] 和多边形套索工具 ![]，封闭轮廓后再选择。二是使用的填充材质要准确。例如卧室一般都使用木地板材质，突出温馨、浪漫的气氛，不宜使用色调较冷的大理石材质。在填充各空间的地面时，应使整体色调协调。

在制作地面图案时，这里推荐使用"图层样式"的图案叠加效果。因为该方法可以随意调节图案的缩放比例，而且可以方便地在各个图层之间复制。除此之外，还可以将样式以单独的文件进行保存，以备将来调用。

6.3.1 创建客厅地面

1. 创建客厅地面填充图案

客厅地面一般铺设 800×800 或 600×600 的地砖，为了配合整体效果，这里只创建地砖分隔线图案，并填充一种地砖颜色。

01 在图层面板中单击"创建新组"按钮，新建组，重命名为"客厅地面"。将与客厅地面相关的图层置于其中，方便管理。

02 选择"地面"图层。使用直线工具，设置选项栏中的工作模式为"像素"，设置粗细为 1 像素，如图 6-12 所示。

图 6-12　直线工具参数设置

03 设置前景色为黑色，沿客厅地砖分隔线绘制两条直线，如图 6-13 所示。
04 使用矩形选框工具，选择客厅地面一块地砖选区，如图 6-14 所示。

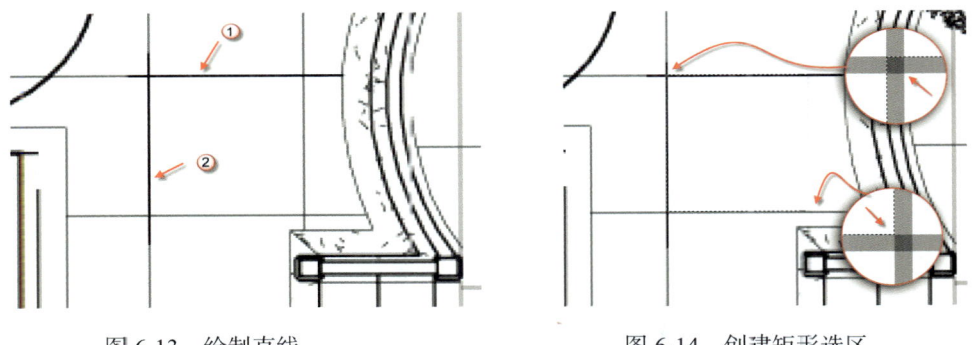

图 6-13　绘制直线　　　　　图 6-14　创建矩形选区

05 单击"背景"图层左侧的眼睛图标，关闭图层，隐藏白色背景，如图 6-15 所示。
06 执行"编辑"|"定义图案"命令，创建"800×800 地砖线"图案，如图 6-16 所示。地砖分隔线图案创建完成。

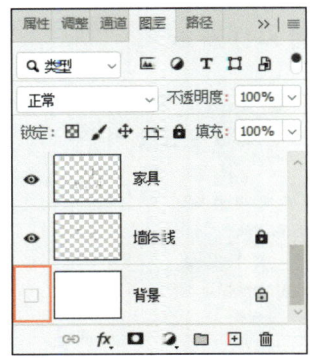

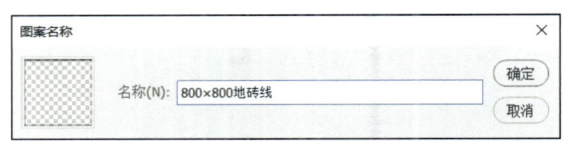

图 6-15　关闭图层　　　　　图 6-16　创建地砖分隔线图案

2. 封闭客厅空间

01 为了便于选择各个室内区域，暂时隐藏"地面"和"家具"图层，如图 6-17 所示。

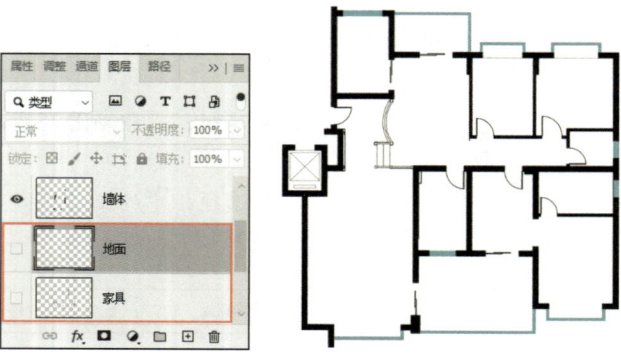

图 6-17　隐藏"地面"和"家具"图层

02 客厅位于户型图的左侧，使用魔棒工具 ，移动光标至客厅区域后单击，会发现右侧的露台区域也会被同时选择。这是由于客厅右侧的推拉门为半开状态，使客厅区域未能完全封闭，如图 6-18 所示。

03 新建"封闭线"图层，使用直线工具 ，在推拉门位置绘制一条封闭线，如图 6-19 所示。

图 6-18　推拉门的缺口　　　　　　　图 6-19　绘制封闭线

3. 创建客厅地面

01 再次使用魔棒工具 ，在客厅位置单击，创建客厅区域选区，如图 6-20 所示。

02 在"客厅地面"组下新建图层，命名为"客厅地面"，如图 6-21 所示。

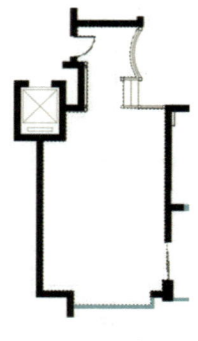
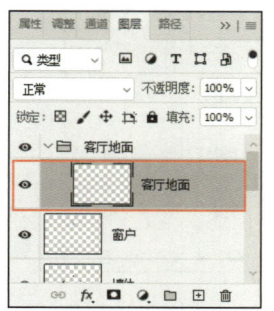

图 6-20　创建选区　　　　　　　图 6-21　新建图层

03 选择"客厅地面"图层。设置前景色为 #f0f7bd，按 Alt + Delete 快捷键填充颜色，效果如图 6-22 所示。

04 执行"图层"|"图层样式"|"图案叠加"命令，打开"图层样式"对话框，在"图案"列表框中选择前面自定义的"800×800 地砖线"图案，设置缩放为 100%，如图 6-23 所示。

> **技巧** 在设置图案叠加参数时，可以在图像窗口中拖动光标，调整填充图案的位置。

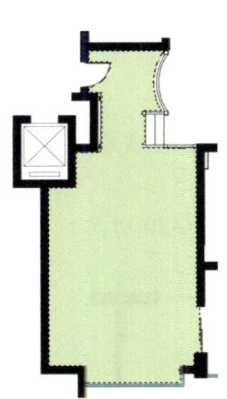

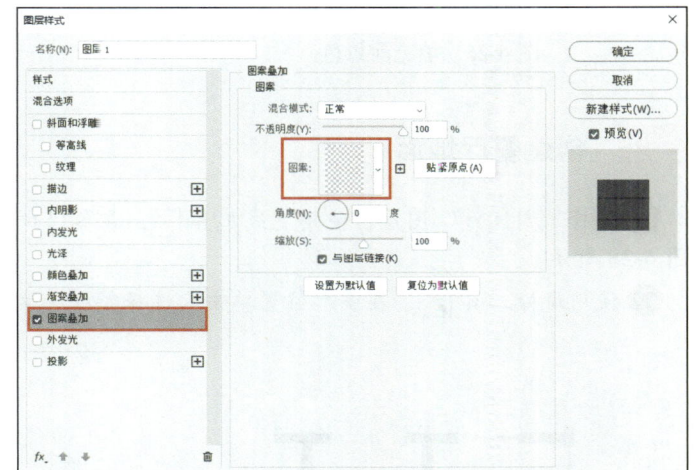

图 6-22　填充颜色　　　　　　　　　　图 6-23　图案叠加参数设置

05 添加图案叠加的效果如图 6-24 所示，客厅地面制作完成。

06 使用矩形选框工具，选择客厅入口大门区域，如图 6-25 所示，该区域也应该填充地砖图案。

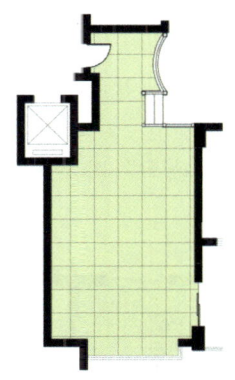

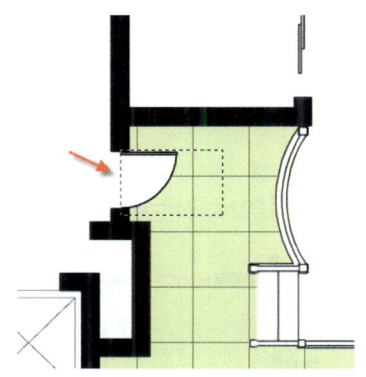

图 6-24　添加图案叠加的效果　　　　　图 6-25　创建矩形选区

07 按 Alt+Delete 键，填充前景色，结果如图 6-26 所示。

08 选择"封闭线"图层。设置前景色为黑色，使用直线工具，在门开口位置绘制封闭线，如图 6-27 所示。封闭线用于分隔两种不同的地面材料。

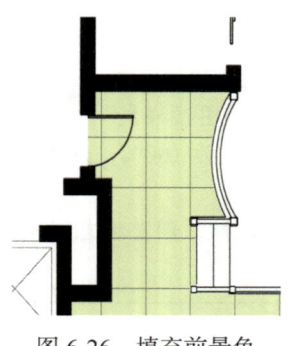

图 6-26 填充前景色　　　　图 6-27 绘制封闭线

6.3.2 创建餐厅地面

① 选择"封闭线"图层。使用直线工具 ，在各门口和过道、餐厅分界区域绘制分隔线，如图 6-28 所示。

② 使用魔棒工具 ，在餐厅位置单击，选择餐厅区域，创建选区如图 6-29 所示。

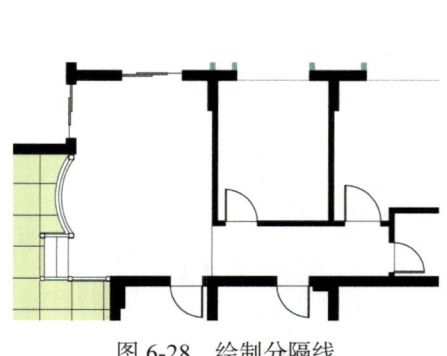
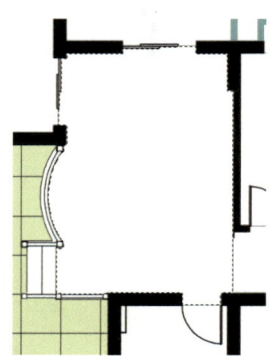

图 6-28 绘制分隔线　　　　图 6-29 创建选区

③ 新建"餐厅地面"图层。设置前景色为 #d7e4a9，按 Alt+Delete 快捷键，填充选区，如图 6-30 所示。

④ 在图层面板中按 Alt 键拖动"客厅地面" fx 图标至"餐厅地面"图层的上方，复制图层样式，得到相同的地砖分隔线图案，如图 6-31 所示。

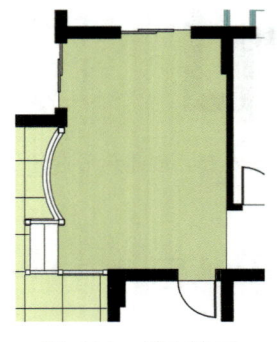
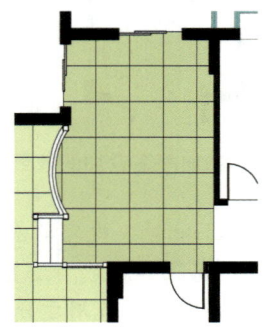

图 6-30 填充选区　　　　图 6-31 复制图层样式

6.3.3 创建过道地面

过道地面为大理石拼花,填充的最终效果如图 6-32 所示。详细的操作过程请观看教学视频。

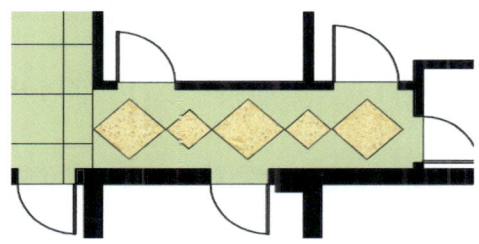

图 6-32　填充过道地面

6.3.4 创建其他区域的地面

其他区域的地面,包括卧室、书房、卫生间以及厨房露台等,创建铺贴效果的方法请参考前面所学的方法,最终铺贴效果如图 6-33 ~ 图 6-38 所示。

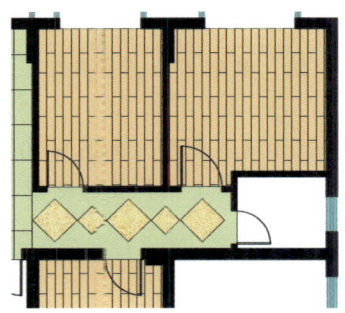

图 6-33　卧室和书房地面

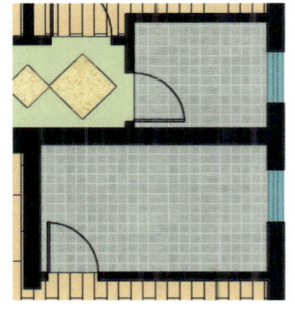

图 6-34　卫生间地面

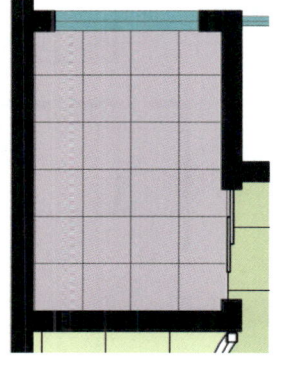

图 6-35　厨房地面

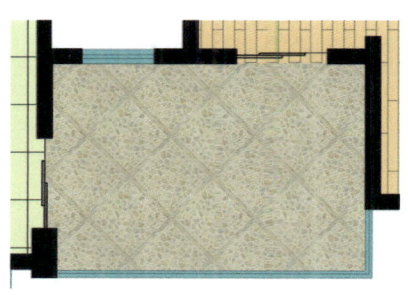

图 6-36　南露台地面

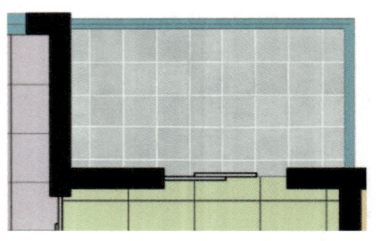

图 6-37　北露台地面

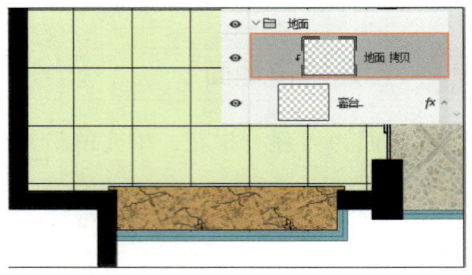

图 6-38　大理石窗台

6.4 室内模块的制作和引用

在现代户型图的制作中，为了更生动、形象地表现和区分各个室内空间，表现装修效果，需要引入与实际生活密切相关的家具模块和装饰。

6.4.1 制作客厅家具

客厅内常见的室内家具有沙发、茶几、电视、电视柜、台灯、地毯等。在制作家具图形前，首先显示"家具"图层，帮助定位家具位置和确定家具尺寸大小。

1. 制作高柜子

01 单击图层面板中的"创建新组"按钮▢，新建一个组，重命名为"家具组"，如图 6-39 所示。

02 单击"家具"图层左侧的眼睛图标，在图像窗口中显示家具图形，如图 6-40 所示。

03 新建"桌柜"图层。使用矩形选框工具▢，按 Shift 键选择进门位置的鞋柜和左侧的高柜子，如图 6-41 所示。

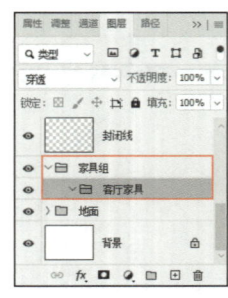

图 6-39　新建组

图 6-40　显示家具图形

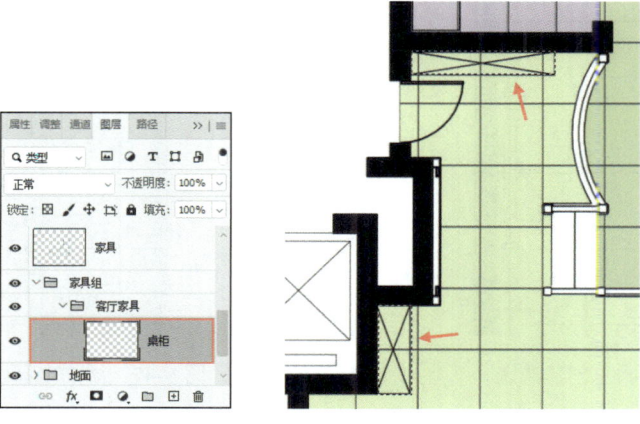

图 6-41 选择柜子

04 设置前景色为 #ffa763。按 Alt+Delete 快捷键，填充选区。按 Ctrl+D 快捷键，取消选择，得到如图 6-42 所示的效果。在确定家具颜色时，既要有对比，又要确保整体效果和谐统一。

05 执行"图层"|"图层样式"|"投影"命令，为柜子添加立体效果，投影参数设置如图 6-43 所示，"距离"和"大小"参数大小可根据户型图的实际情况灵活设置。

06 高柜子家具制作完成。

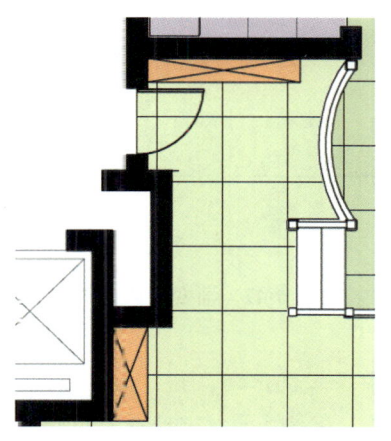

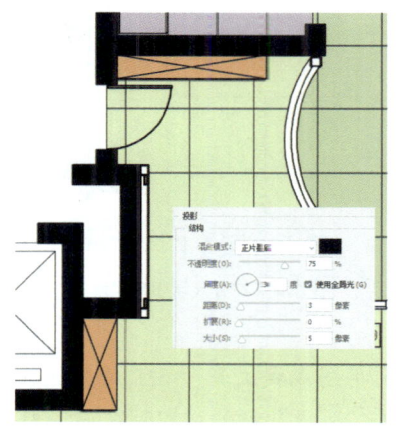

图 6-42 填充选区　　　　　　　　　　图 6-43 投影参数设置

2. 制作电视柜及电器

01 选择"家具"图层。使用魔棒工具，取消工具栏"对所有图层取样"复选框的勾选，在电视柜区域单击，创建如图 6-44 所示的选区。音箱、DVD、壁挂电视等图形被排除在选区外，需要添加这些图形。

02 使用矩形工具，按 Shift 键拖动光标，添加电器图形至选区，得到完整的电视柜选区，如图 6-45 所示。

03 打开米黄大理石图像。按 Ctrl+A 快捷键，全选图形。按 Ctrl+C 快捷键，复制图像。

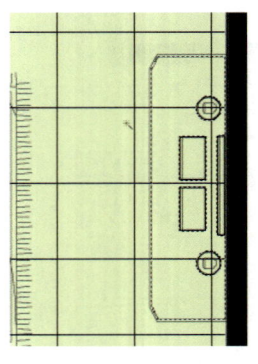
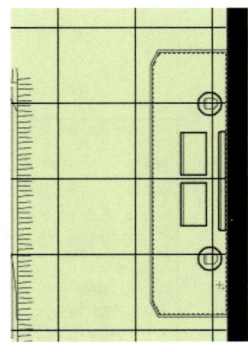

图 6-44　创建选区　　　　　　　图 6-45　添加电器图形至选区

04 切换至户型图图像窗口。执行"编辑"|"选择性粘贴"|"贴入"命令，贴入大理石图像，得到以当前选区为蒙版的新建图层，如图 6-46 所示。按 Ctrl+T 快捷键，调整大理石图像尺寸。

05 执行"图层"|"图层样式"|"渐变叠加"命令，打开"图层样式"对话框。设置渐变参数如图 6-47 所示，制作电视柜靠墙边的阴影效果。选择"黑、白"渐变类型，调整"不透明度"为 50% 左右，设置混合模式为"线性加深"，在图像窗口中拖动光标可以调整渐变的位置，效果如图 6-47 所示。

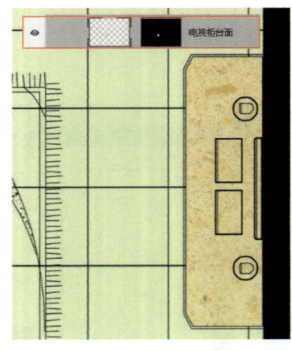
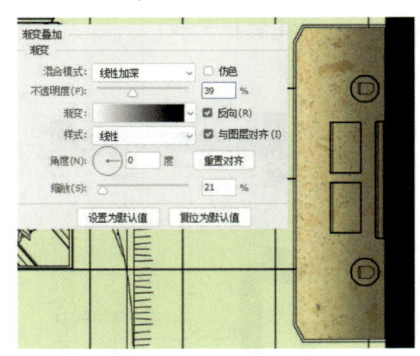

图 6-46　贴入大理石图像　　　　　　图 6-47　渐变参数设置

> 利用创成式工具，首先绘制选区，再在任务栏中输入提示词，如"大理石纹理"，单击"生成"按钮，即可在选区内生成大理石纹理。在属性面板中选择生成结果，如果不满意，还可以再次生成，如图 6-48 所示。

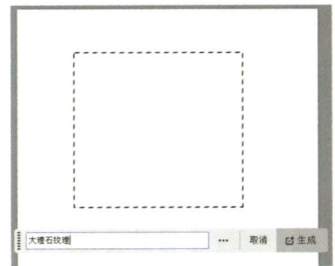

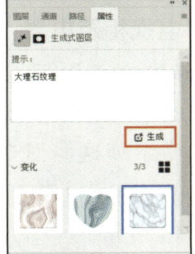

图 6-48　生成大理石纹理

06 继续选中"投影"复选框,设置投影参数如图6-49所示,为电视柜添加投影图层效果,单击"确定"按钮关闭对话框。

07 新建"电器"图层。使用矩形选框工具和椭圆选框工具,在电视柜上方的壁挂电视机和DVD、功放电器上创建选区,如图6-50所示。

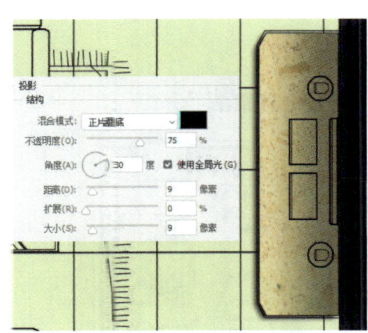

图6-49 设置投影参数

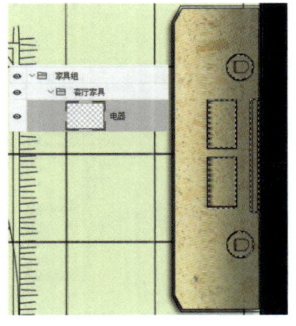

图6-50 创建选区

08 选择渐变工具,在"渐变编辑器"对话框中设置参数,如图6-51所示。在选区内填充渐变,制作电器顶部的渐变效果,如图6-52所示。

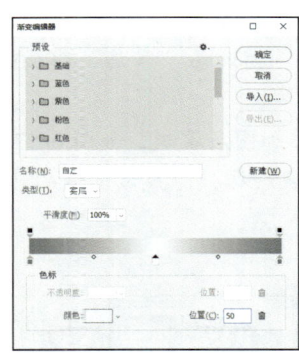

图6-51 设置参数

图6-52 填充渐变

09 执行"图层"|"图层样式"|"投影"命令,打开"图层样式"对话框。设置投影参数如图6-53所示,添加电器的投影效果,如图6-54所示。

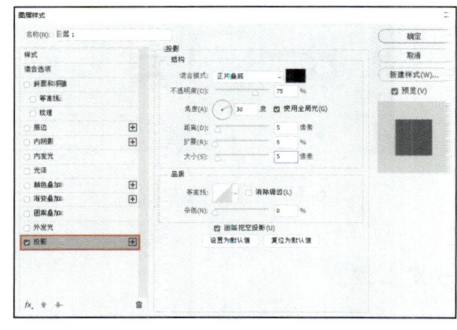

图6-53 设置投影参数

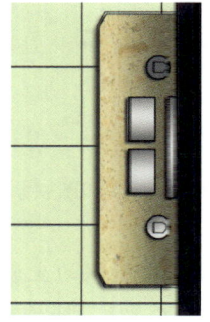

图6-54 添加电器的投影效果

3. 调入沙发模块

客厅沙发和地毯直接调用制作好的家具模块。

01 按 Ctrl+O 快捷键，打开配套资源提供的沙发模块，如图 6-55 所示。

02 使用移动工具，拖动沙发模块至户型图窗口。执行"编辑"|"变换"|"水平翻转"命令，调整沙发的方向，并移动至客厅沙发位置，如图 6-56 所示。

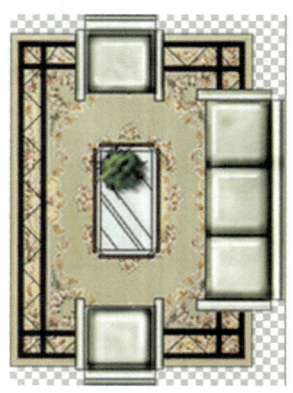

图 6-55　打开沙发模块

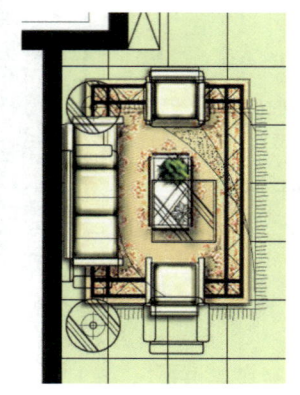

图 6-56　调整方向和位置

03 由于该沙发模块不是在 CAD 图形基础上着色制作，因此与"家具"图层的 CAD 线框不能完全吻合。

04 选择"家具"图层，单击图层面板上的按钮，添加图层蒙版，如图 6-57 所示。

05 使用画笔工具，设置前景色为黑色，在沙发区域涂抹，隐藏该区域的沙发线框，如图 6-58 所示。

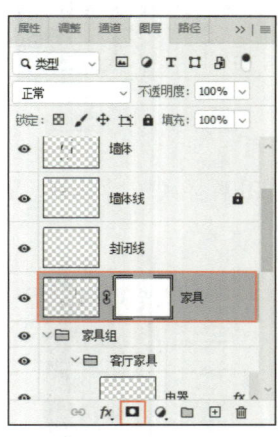

图 6-57　添加图层蒙版

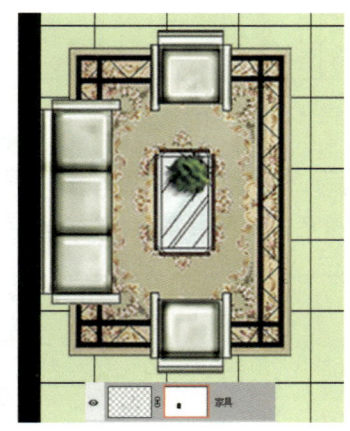

图 6-58　隐藏沙发线框

06 打开配套资源提供的坐姿人物素材，添加至沙发上方。

07 执行"图层"|"图层样式"|"投影"命令，为客厅沙发添加投影图层效果，如图 6-59 所示。

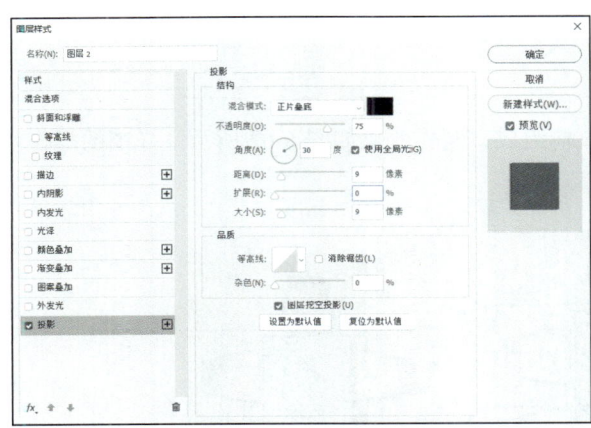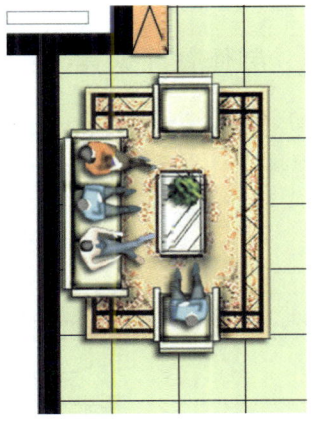

图 6-59　添加投影图层效果

4. 制作休闲椅和茶几

通过调用休闲椅和茶几图块，为户型图添加家具，最终效果如图 6-60 所示。详细的操作过程请观看教学视频。

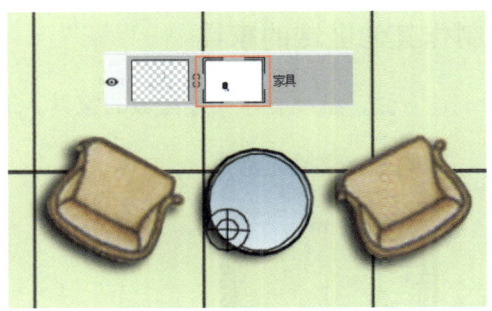

图 6-60　制作休闲椅和茶几的最终效果

5. 制作台灯

台灯家具模块使用渐变工具和填充工具制作，最终效果如图 6-61 所示。详细的操作过程请观看教学视频。

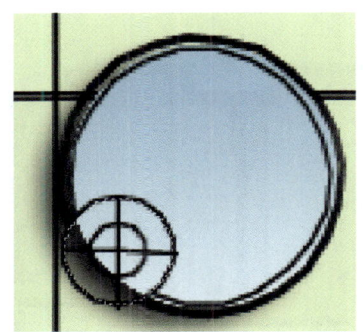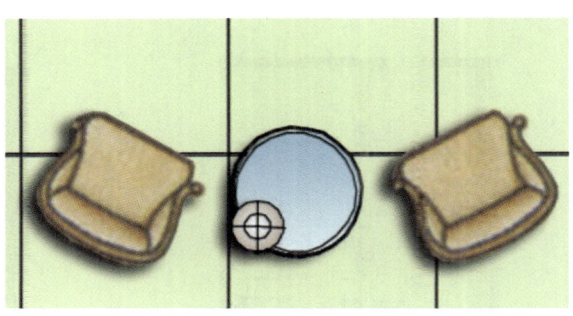

图 6-61　制作台灯的最终效果

6.4.2 制作餐厅家具

餐厅家具为六座餐桌，由餐桌和座椅组成，制作效果如图 6-62 所示。详细的操作步骤请观看教学视频。

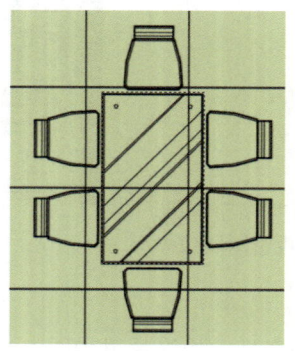
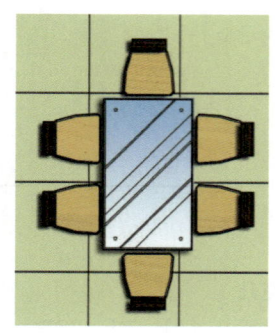

图 6-62　制作餐厅家具效果

6.4.3 制作其他区域的家具

请参考上述方法，继续制作其他区域的家具，最终效果如图 6-63～图 6-67 所示。

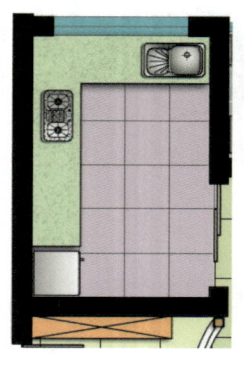

图 6-63　制作厨房家具

图 6-64　制作露台家具

图 6-65　制作主卧室家具

图 6-66　制作次卧室家具

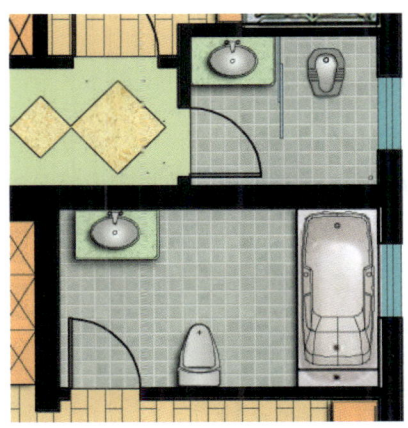

图 6-67　制作卫生间家具

6.5　添加绿色植物

打开配套资源提供的植物模块，将其添加至室内各角落位置，如图 6-68 所示，作为户型图的点缀。执行"图层"|"图层样式"|"投影"命令，为植物添加阴影效果，加强立体感。在复制植物时，应先选择对象，然后按 Alt 键拖动光标，确保在图层内部复制，减小 PSD 图像文件的大小。

图 6-68　添加植物模块

6.6　最终效果处理

为了方便客户阅读，在制作完成室内家具模块后，还需要添加文字说明，对各空间的尺寸和功能进行说明。

6.6.1 添加墙体和窗阴影

选择"墙体"图层，执行"图层"|"图层样式"|"投影"命令，为墙体图层添加投影，加强户型图整体的立体感，如图 6-69 所示。投影方向与室内家具投影方向一致。

选择"窗"图层为当前图层，执行【图层】|【图层样式】|【投影】命令，同样为窗添加投影。

图 6-69　添加投影

6.6.2 添加文字和尺寸标注

01 按 Ctrl+O 快捷键，打开"户型图–文字标注.eps"文件。按如图 6-70 所示设置参数对 EPS 文件进行栅格化。

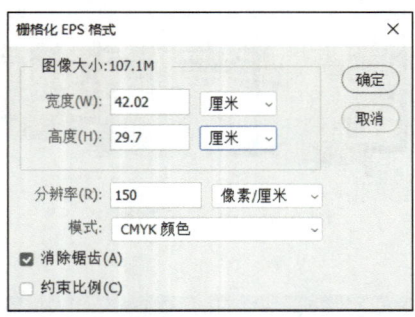

图 6-70　【栅格化 EPS 格式】对话框

02 使用移动工具，按住 Shift 键拖动栅格化的文字标注至户型图图像窗口，使其两图像中心自动对齐，如图 6-71 所示。新图层重命名为"标注"图层。

图 5-71　添加标注

03 按 Ctrl+Shift+"]"快捷键，将"标注"图层调整至图层面板的最上方，使标注不被其他对象遮挡。

6.6.3 裁剪图像

选择工具箱裁剪工具，在图像窗口中拖动光标创建裁剪范围框，然后分别调整各边界的位置，按 Enter 键，应用裁剪，裁剪图像如图 6-72 所示。

图 5-72　裁剪图像

彩色户型图全部制作完成。

第 7 章
建筑立面图制作

　　建筑立面图是建筑表现常用的手段之一，直接在 AutoCAD 绘制的二维线框图基础上制作，具有制作速度快的优点。在建筑立面图中可以使用很多的建筑表现元素，如墙砖材质、真实的配景、光线投影等，效果逼真，添加配景后的最终结果可逼近 3ds Max 制作的建筑透视图效果，在建筑方案投标中应用广泛。

　　本章以一幢现代商住楼为例，介绍建筑立面图制作的整个流程和相关方法及技巧。

7.1 输出建筑立面 EPS 图形

打开配套资源提供的"商住楼立面图 .dwg"文件，如图 7-1 所示。关闭轴线、尺寸标注、文字标注、填充等图层，隐藏无关内容，结果如图 7-2 所示。按 Ctrl+P 快捷键，打开"打印"对话框，选择"EPS 绘图仪 .pc3"打印机，并设置其他打印参数。

确认无误后单击 按钮，在"浏览打印文件"对话框中设置文件名称与文件类型。单击"保存"按钮，打印输出得到立面 EPS 文件。

详细的操作过程请观看教学视频。

图 7-1　打开立面图文件　　　　　　　图 7-2　隐藏图层的结果

7.2 制作立面墙体

7.2.1 栅格化 EPS 文件

运行 Photoshop 软件，按 Ctrl+O 快捷键，在弹出的"打开"对话框中选择 AutoCAD 打印输出的商住楼立面图 EPS 文件。

在打开的"栅格化 EPS 格式"对话框中，根据需要设置合适的栅格化分辨率和模式，如图 7-3 所示。这里设置分辨率为 150 像素 / 厘米，分辨率越大，得到的图像尺寸越大。

栅格化结果如图 7-4 所示，详细的操作步骤请观看教学视频。

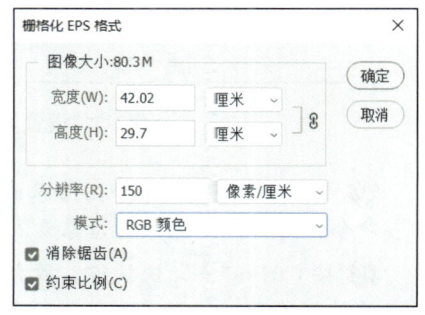

图 7-3　设置栅格化参数

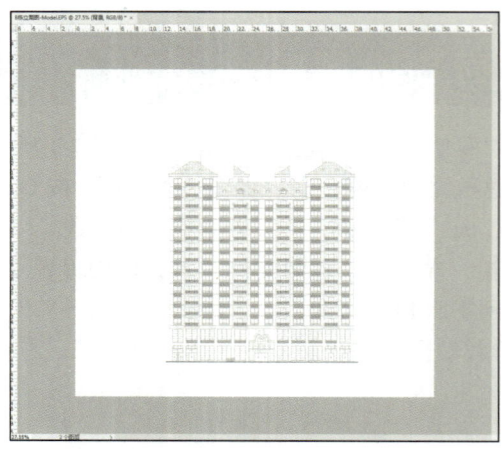

图 7-4　栅格化结果

7.2.2　制作填充图案

查看建筑立面图可知，商住楼墙体共使用了 3 种墙体材质，1 层和 2 层使用了深褐色外墙砖，3～13 层使用了谷黄色小方砖，14～16 层使用了乳白色小方砖。在制作立面墙体时，需要分别选择相应墙体区域填充颜色或纹理。

商住楼底层和中间层分别使用了不同大小比例的外墙砖，需要分别创建填充图案。

1. 制作底层外墙砖图案

01 按 Ctrl+N 快捷键，打开"新建文档"对话框，设置参数如图 7-5 所示。

02 新建 22×50 像素大小、背景为透明的图像文件，如图 7-6 所示。

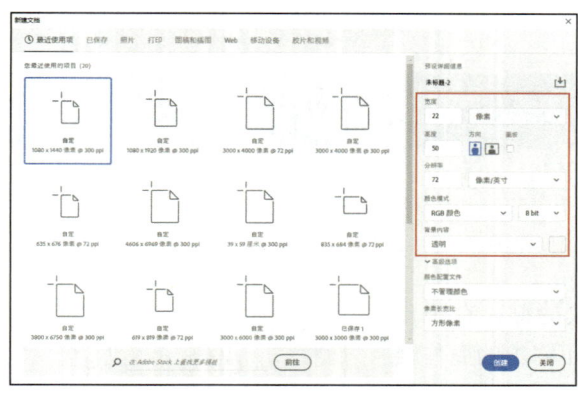
图 7-5　设置参数

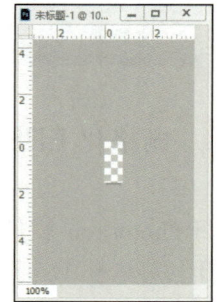
图 7-6　新建图像文件

03 按 Ctrl+R 快捷键，在图像窗口中显示标尺。右击标尺，在弹出的快捷菜单中选择"像素"命令，将标尺单位设置为像素。

04 按 Ctrl+"+"快捷键，放大显示图像。使用单行选框工具，在画布上端建立一条 1 像素高的单行选区。使用单列选框工具，按住 Shift 键，在画布左端添加 1 像素宽的单列选区。按 Alt+Delete 快捷键，填充黑色，如图 7-7 所示。

05 按 Ctrl+A 快捷键，全选图像，如图 7-8 所示。

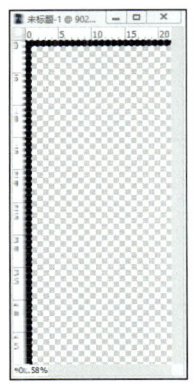
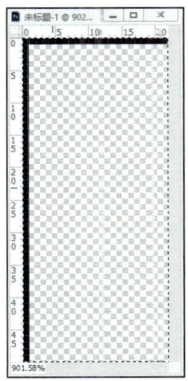

图 7-7　选择填充　　　　　　　　　图 7-8　全选图像

06 执行"编辑"|"定义图案"命令，创建"22×50外墙砖"图案，如图 7-9 所示。
07 外墙砖图案创建完成。

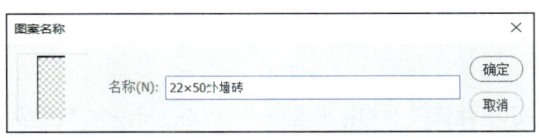

图 7-9　设置图案名称

2. 创建小方砖图案

参考上一小节的操作方法，创建尺寸为 20×20 像素的小方砖，并创建为图案，如图 7-10 所示，方便后续使用。详细的操作步骤请观看教学视频。

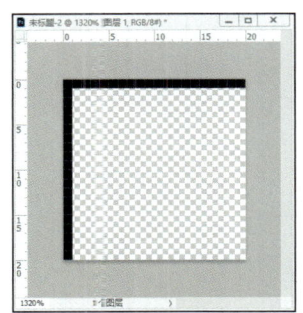
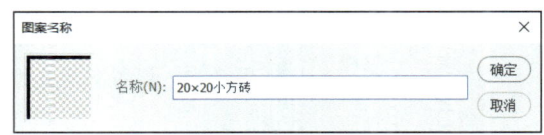

图 7-10　创建小方砖图案

7.2.3　创建墙体

1. 创建 1～2 层墙体

01 按 Ctrl+Shift+N 快捷键，创建"深褐色墙体"图层。使用矩形选框工具，选择 1 层和 2 层区域，如图 7-11 所示。

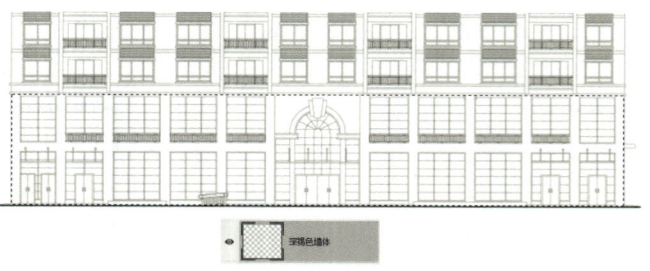

图 7-11 创建选区

02 设置前景色为深褐色，色值为 # 6e3904。按 Alt+Delete 快捷键填充图案，如图 7-12 所示。

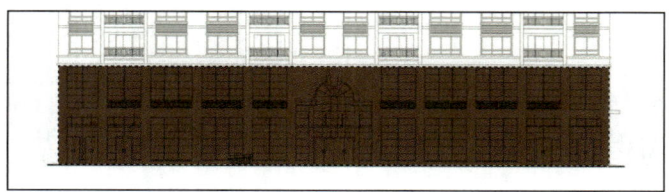

图 7-12 填充图案

03 执行"图层"|"图层样式"|"图案叠加"命令，打开"图层样式"对话框，选择前面创建的"22×50 外墙砖"图案作为叠加图案，设置缩放比例为 50%，如图 7-13 所示。

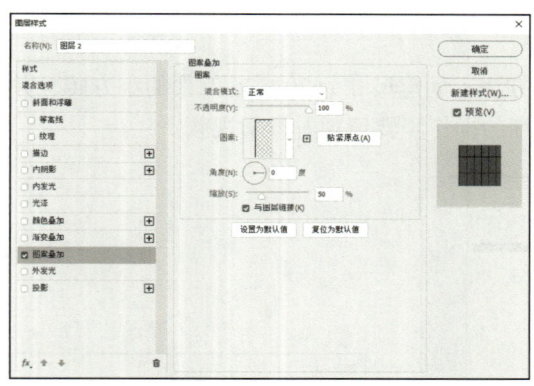

图 7-13 设置图案叠加参数

04 图案叠加效果如图 7-14 所示。

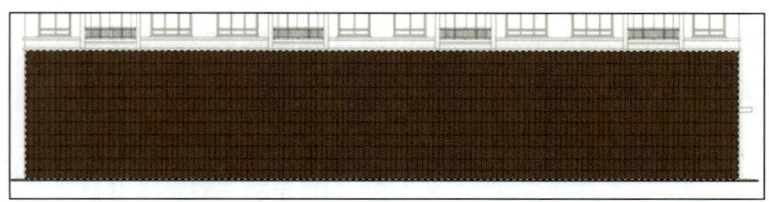

图 7-14 图案叠加效果

05 将"线框"图层移动至"深褐色墙体"的上方，在叠加图案之上显示线框。再新建名称为"外墙"的组，方便管理外墙的相关图层，如图 7-15 所示。

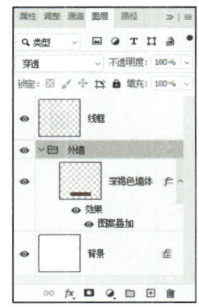 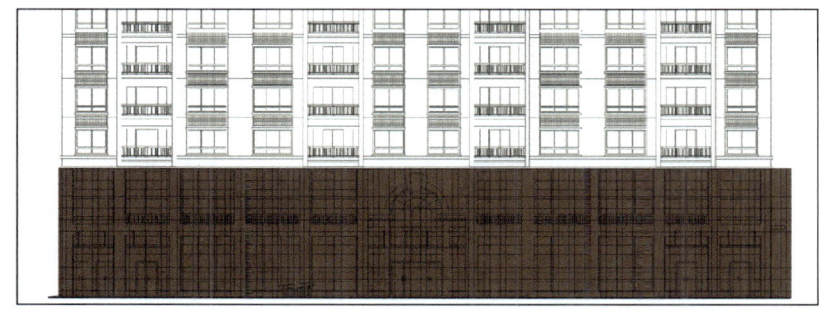

图 7-15 管理外墙的相关图层

2. 创建 3～13 层墙体

01 新建"谷黄色墙体"图层。使用矩形选框工具，选择 3～13 层墙体，设置前景色为 #ffbd68。按 Alt+Delete 快捷键填充图案，如图 7-16 所示。

02 执行"图层"|"图层样式"|"图案叠加"命令，打开"图层样式"对话框，选择"20×20 小方砖"图案作为叠加图案，设置缩放比例为 50%，如图 7-17 所示。谷黄色小方砖墙体创建完成。

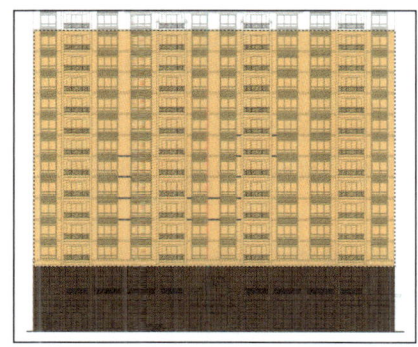 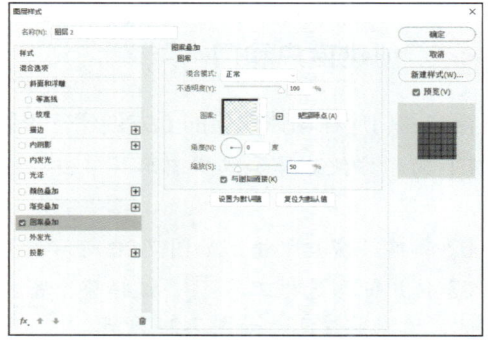

图 7-16 选择 3～13 层墙体并填充　　图 7-17 小方砖图案叠加

3. 创建 14～16 层墙体

01 新建"乳白色墙体"图层。使用矩形选框工具和魔棒工具，选择 14～16 层墙体区域，如图 7-18 所示。按 Ctrl+Delete 快捷键，填充白色。

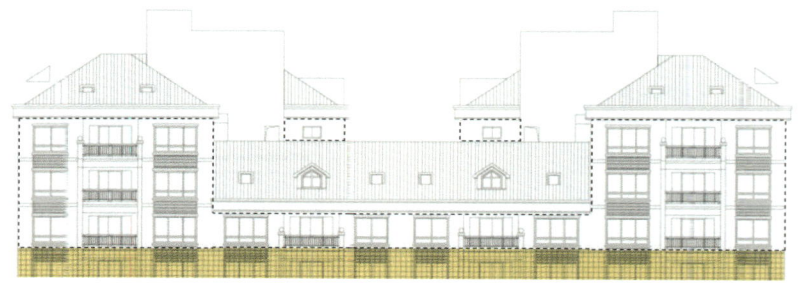

图 7-18 选择 14～16 层墙体区域

02 在"谷黄色墙体"图层的上方右击,在弹出的快捷菜单中选择"拷贝图层样式"命令。再在"乳白色墙体"图层的上方右击,选择"粘贴图层样式"命令,复制"20×20小方砖"图案叠加图层样式,结果如图7-19所示。

03 乳白色小方砖墙体制作完成。

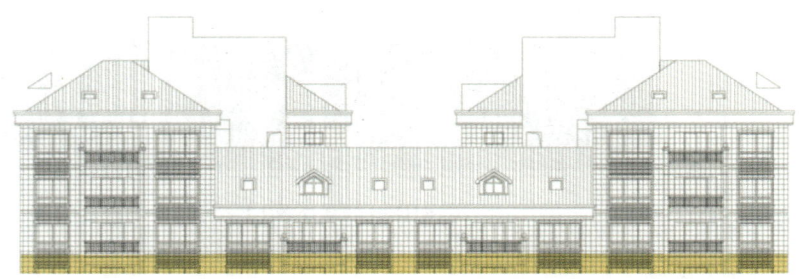

图 7-19 小方砖图案叠加

7.3 制作窗户和门

7.3.1 创建窗户和门

窗户和门应在墙体图层的上方创建,否则会被墙体遮挡而不可见。

01 为了方便选择和编辑图形,单击"墙体"图层左侧的眼睛图标 ,暂时隐藏所有墙体图层。

02 新建"窗户"组,如图7-20所示,并在组下创建"玻璃"图层。

03 使用矩形选框工具 ,选择整个窗户和门区域,设置前景色为 # 9ddeff。按 Alt+Delete 快捷键,填充前景色,如图7-21所示。

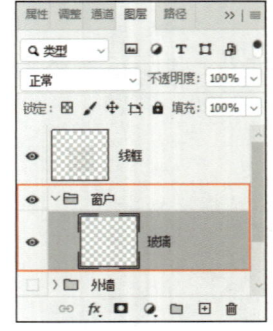

图 7-20 新建"窗户"组

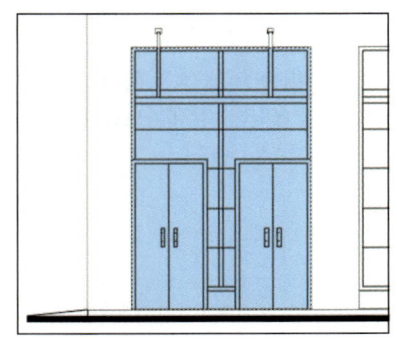

图 7-21 填充前景色

04 继续选择其他门和窗玻璃区域,填充 # 9ddeff 颜色,结果如图7-22所示。

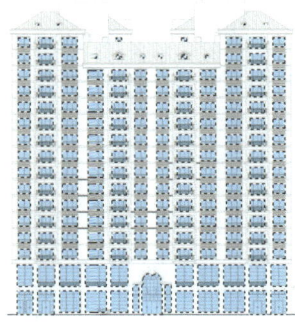

图 7-22 填充其他玻璃区域

7.3.2 制作窗框和门框

01 在"玻璃"图层的上方新建"门窗框"图层。按 Shift 键,使用矩形选框工具,选择窗框和门框区域,设置前景色为 #274c24。按 Alt+Delete 快捷键,填充前景色,得到绿色的门框和窗框,如图 7-23 所示。

02 使用同样的方法,制作其他门框和窗框,如图 7-24 所示。

图 7-23 绿色的窗框和门框

图 7-24 制作其他门框和窗框

7.3.3 制作窗户投影

1. 制作平窗阴影

商住楼一二层为大玻璃落地窗,位于墙体内部,凸出的墙体会在窗户上产生投影,使立面富有立体感。

01 在"门窗框"图层上方新建"门窗投影"图层。使用矩形选框工具,在玻璃上方和左侧各建立一个矩形选区。设置前景色为黑色,按 Alt+Delete 快捷键,在选区内填充黑色。更改图层的"不透明度"为 75%,得到墙体在玻璃上的投影效果,如图 7-25 所示。

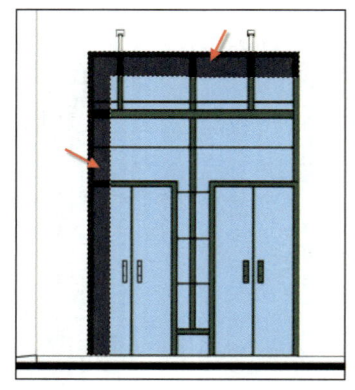

图7-25 墙体在玻璃上的投影效果

02 使用同样的方法,制作一二层墙体在其他玻璃上的投影,结果如图7-26所示。

图7-26 一二层墙体在其他玻璃上的投影

2. 制作飘窗及其投影

飘窗是目前比较流行的窗户形式。这种窗户一般呈矩形或梯形向室外凸出。飘窗三面都安装玻璃,即便在室内,也可以享受更充足的光线和开阔的视野。

飘窗由窗台板、窗框和玻璃组成,在立面图还需要表现出飘窗在墙体上的投影,如图7-27所示。窗框及玻璃前面已经创建完成,这里仅介绍窗台板及投影的制作。

01 新建"窗台板"图层。使用魔棒工具，选择窗台板,并填充颜色 #cbcbcb,如图7-28所示。

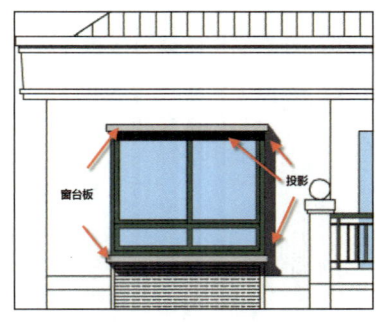

图7-27 飘窗的结构

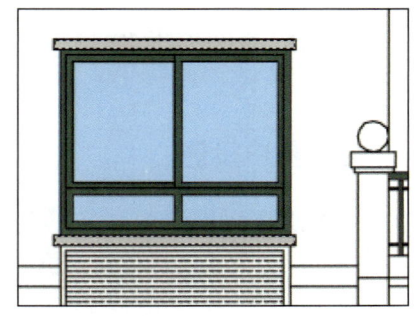

图7-28 选择窗台板并填充颜色

02 按住Ctrl键,并单击图层面板上的 按钮,在"窗台板"图层下方新建"飘窗投影"图层。设置前景色为黑色,按Alt+Delete快捷键,填充前景色。使用移动工具，按Shift键,沿右下角 45°方向移动光标至如图 7-29 所示位置。

03 使用多边形套索工具，创建如图 7-30 所示的四边形选区。

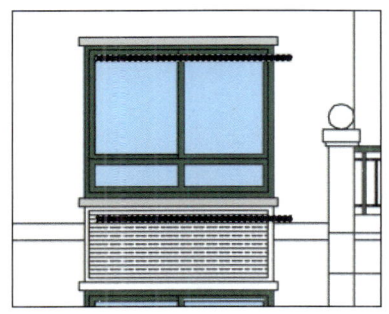
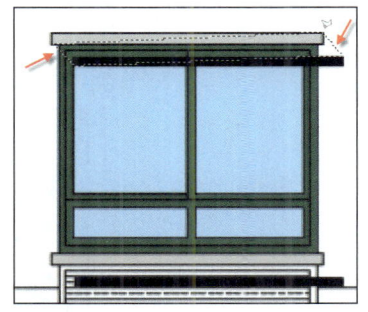

图 7-29　填充并移动　　　　　　　　图 7-30　创建四边形选区

04 设置前景色为黑色，按 Alt+Delete 快捷键填充颜色，得到飘窗上窗台板的投影，如图 7-31 所示。

05 使用同样的方法制作下窗台板的投影，如图 7-32 所示。

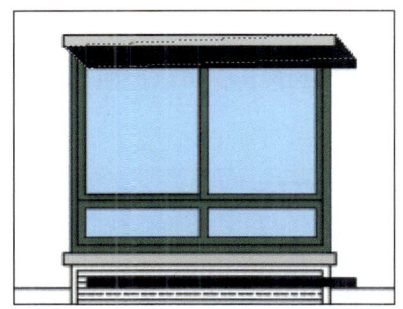
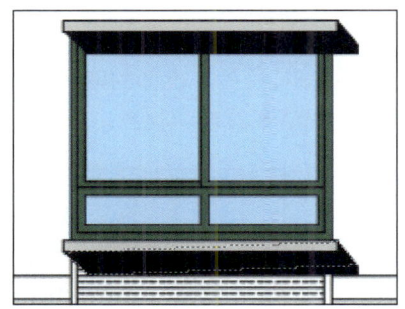

图 7-31　上窗台板的投影　　　　　　图 7-32　下窗台板的投影

06 使用矩形选框工具，创建如图 7-33 所示选区并填充黑色，制作飘窗窗体在墙体上的投影。

07 设置"飘窗投影"图层的"不透明度"为 75%，得到逼真的飘窗投影效果，如图 7-34 所示。

08 使用同样的方法制作其他飘窗及阴影，相同的飘窗可以直接复制。

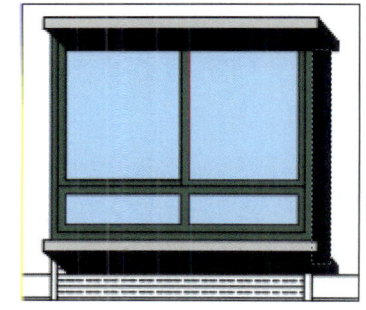
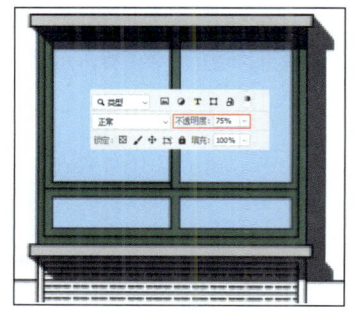

图 7-33　飘窗窗体在墙体上的投影　　　图 7-34　飘窗投影效果

7.4 制作阳台

商住楼的阳台为外挑式阳台，其两侧有支撑立柱，如图 7-35 所示。在制作立面图时，需要表现阳台和立柱在墙体上的投影效果。

图 7-35　外挑式阳台结构

7.4.1　制作阳台立柱、围栏及其投影

阳台立柱、围栏及其投影的制作效果如图 7-36 所示，增加投影，可以使图形更立体逼真。详细的操作过程请观看教学视频。

图 7-36　制作阳台立柱、围栏及其投影

7.4.2　制作阳台栏杆

阳台栏杆直接使用颜色填充制作即可。新建"阳台栏杆"图层，使用矩形选框工具，选择栏杆区域，填充颜色 #396f35，如图 7-37 所示。

图 7-37　制作阳台栏杆

7.5 制作屋顶

如图 7-38 所示,屋顶由瓦面、老虎窗和屋檐组成。详细的操作过程请观看教学视频。

图 7-38　制作屋顶

7.6 制作其他立面部分

在制作墙体、窗户、门、阳台、屋顶等主体结构后,还需要制作层间线、大门等辅助构件。

7.6.1 制作层间线

为了整体美观,墙体各层之间设置了外墙层间线,材料为"深灰色小方砖"。新建"层间线"图层,选择墙体层间线区域,并填充颜色 #c7c7c7,得到如图 7-39 所示的墙体层间线效果。因为层间线宽度较窄,不需要另行添加叠加图案。

图 7-39　墙体层间线效果

7.6.2 制作大门和雨篷

商住楼大门为欧式大门，由雨篷等多个构件组成，使用前面介绍的方法，根据其外观特征制作相应的投影效果。

如图 7-40 所示为大门和雨篷立面效果，如图 7-41 所示为侧门和雨篷立面效果。

图 7-40　大门和雨篷立面效果

图 7-41　侧门和雨篷立面效果

7.6.3 制作其他部分

继续制作商住楼其他立面结构，包括空调百叶护栏、地面扶手等，最终完成的商住楼立面效果如图 7-42 所示。

如图 7-43 所示为建筑与配景合成的效果，添加了配景后，整个立面效果逼真、生动。有关配景的合成方法请参考本书后面的章节。

图 7-42　最终完成的商住楼立面效果

图 7-43　建筑与配景的合成效果

利用创成式填充工具生成背景图，如图7-44所示。输入不同的提示词，可以生成不同的内容。用户根据需要，自定义提示词来执行生成操作。在属性面板中单击"生成"按钮，继续以相同的提示词生成素材。

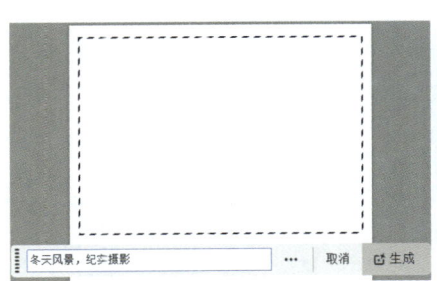  

图7-44 生成背景图

第 8 章
彩色总平面图制作

彩色总平面图通常又称为二维渲染图，主要用来展示大型规划设计方案，如屋顶花园、城区规划、大型体育场馆等。早期的建筑规划设计图制作较为简单，大都使用喷笔、水彩与水粉等工具手工绘制。引入计算机技术后，规划图的表现手法日趋成熟、多样，引入真实的草地、水面、树木，使得制作完成的彩色总平面图形象生动、效果逼真。

8.1 总平面图的制作流程

绘制彩色总平面图主要分为三个阶段，包括 AutoCAD 输出平面图、各种模块的制作和后期合成处理。在 Photoshop 中对平面图进行着色时，应掌握一定的前后次序关系，最大程度地提高工作效率。

8.1.1 AutoCAD 输出平面图

二维线框图是整个总平面图制作的基础，因此制作平面图的第一步就是根据建筑师的设计意图，使用 AutoCAD 软件绘制整体的布局规划，包括各组成部分的形状、位置、大小等，这也是保障最终平面图的正确和精确程度的关键。有关 AutoCAD 的使用方法，本书不做介绍，读者可参考相关的 AutoCAD 的相关书籍。

绘制完成后，执行"文件"|"打印"命令，参考本书第 5 章介绍的方法，将线框图输出为 EPS 格式的文件。

8.1.2 各种模块的制作

总平面图的常见元素包括草地、树木、灌木、房屋、广场、水面、马路、花坛等。掌握了这些元素的制作方法，也就基本掌握了彩色总平面图的制作。这个过程主要由 Photoshop 来完成，使用的工具包括选择、填充、渐变、图案填充等。在制作水面、草地、路面时也会使用到一些图像素材，如大理石纹理、地砖纹理、水面图像等。

8.1.3 后期合成处理

制作各素材模块之后，彩色总平面图的大部分工作也就基本完成了。最后便是对整个平面图进行后期合成处理，如复制树木、制作阴影、加入配景、对草地进行精细加工，使整个画面和谐、自然。

8.2 花园住宅小区总平面图

本节通过某大型住宅小区实例，讲解使用 Photoshop 制作彩色总平面图的方法、流程和相关技巧，最终完成效果如图 8-1 所示。

8.2.1 在 AutoCAD 中输出 EPS 文件

为了方便 Photoshop 处理，应该在 AutoCAD 中分别输出建筑、植物和文字的 EPS 文件，然后在 Photoshop 中合成。

在最终的彩色总平面图中，这些打印输出的图线将会保留。使用图线的好处如下。

- 所有的物体可以在图线下面来做，一些没有必要做的物体可以少做或不做，节省了很多时间。

- 物体之间的互相遮挡可以产生一些独特的效果。
- 图线可以遮挡一些物体因选取不准而产生的错位和模糊，使边缘看起来很整齐，使图形看起来整齐、美观。

在 AutoCAD 中整理总平面图，关闭不必要的图层，如图 8-2 所示，将其输出为 EPS 文件，方便后续使用。详细的操作步骤请观看教学视频。

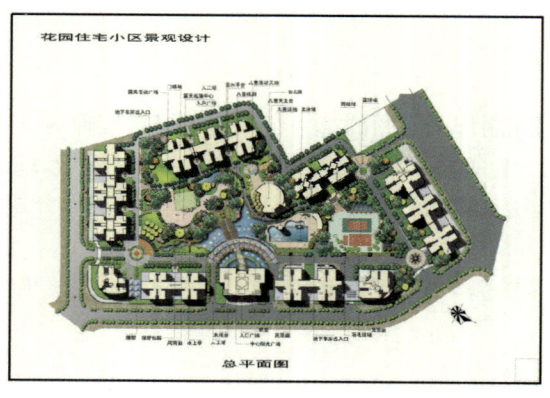

图 8-1　彩色总平面图

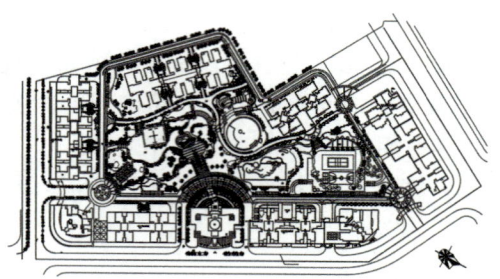

图 8-2　关闭不必要的图层

8.2.2　栅格化 EPS 文件

在 Photoshop 中栅格化 EPS 文件，并合并建筑和文字图像，具体的参数设置和最终处理结果如图 8-3 所示。

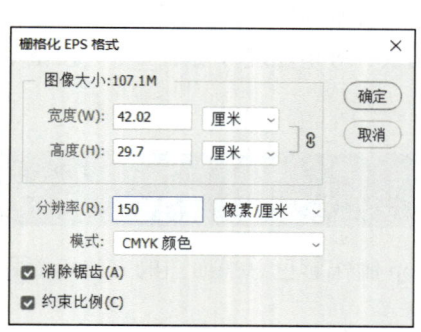
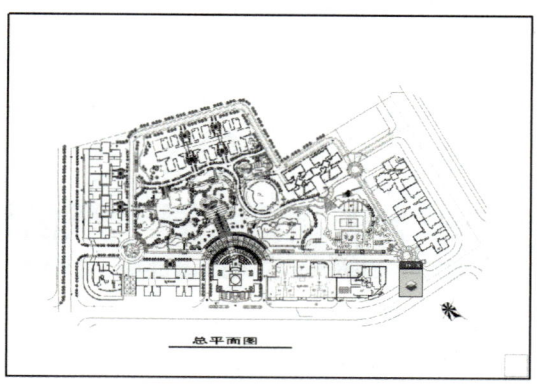

图 8-3　栅格化 EPS 文件

8.2.3　划分层次

在彩色总平面图中，最重要的就是路面、绿化区和建筑这 3 个方面的层次划分。将这 3 个区域划分之后，后面的处理就显得非常有序。路面为最底层，绿化区居于中间层，建筑线条置于图层的顶层，使建筑轮廓看起来清晰明了，接下来具体学习。

01 打开"加州总平面.psd"文件,在图层面板中调整图层的位置,如图 8-4 所示,方便创建并观察图形。选择"总平面图"图层,检查轮廓线是否完全闭合。

02 使用魔棒工具 ,设置参数如图 8-5 所示。

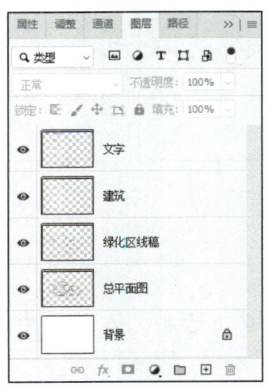

图 8-4　调整图层的位置　　　　　　　　图 8-5　设置参数

03 单击线稿中的路面规划区域,创建选区,如图 8-6 所示。

04 单击工具箱中的"以快速蒙版模式编辑"按钮 ,查看选区,如图 8-7 所示。

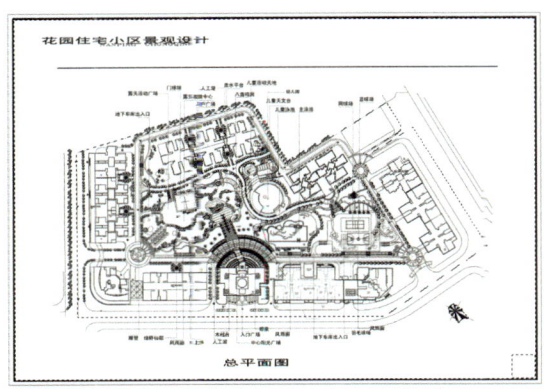

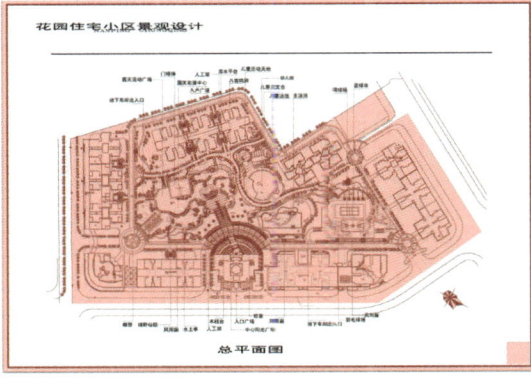

图 8-6　创建选区　　　　　　　　　　　图 8-7　查看选区

05 通过蒙版查看选区,可以看出路面区域和背景区域是完全相通的,均以白色显示,画面中红色蒙版显示的区域表示这些区域将不会被编辑。此时可以采取线条封闭的方法将马路和背景区域进行分隔。

06 退出"快速蒙版编辑"模式,快捷键为 Q 键。

07 新建一个图层,命名为"封闭直线"。再使用直线工具 ,设置直线的粗细为 1 像素,在需要进行封闭的马路终端,使用直线工具单击马路的两个端点,进行连接。

08 封闭马路终端的效果如图 8-8 所示。

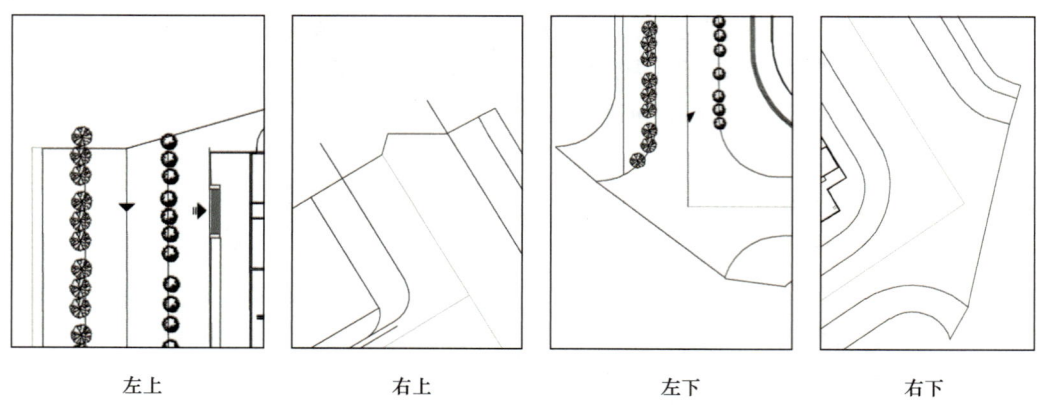

图 8-8　封闭马路终端的效果

09 选择"封闭直线"图层与"总平面图"图层，在图层上右击，在菜单中选择"合并图层"选项，合并两个图层。

10 选择魔棒工具 ，在平面图中创建选区。按 Q 键，进入快速蒙版编辑模式，此时可以发现，背景区域已经与平面图区域独立为两个部分，如图 8-9 所示。

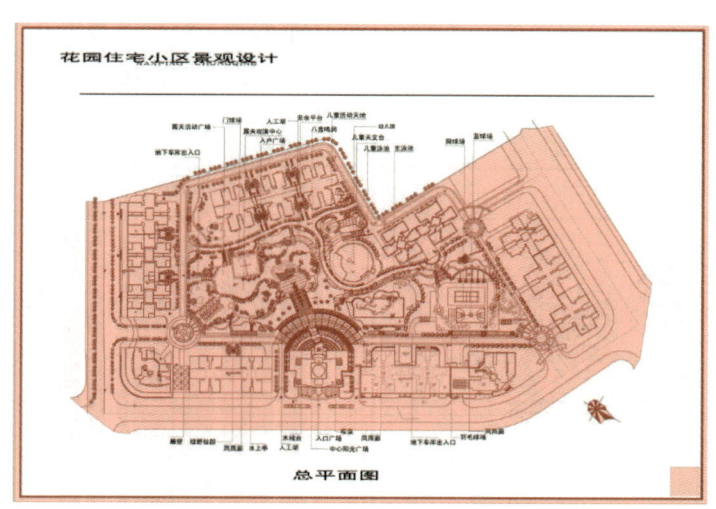

图 8-9　快速蒙版编辑模式

11 再使用魔棒工具 ，设置参数如图 8-10 所示。

图 8-10　魔棒工具参数设置

12 逐一对马路区域进行单击，选择马路划分区域，通过快速蒙版编辑模式查看选取范围，如图 8-11 所示。

13 按 Q 键，退出快速蒙版编辑模式。执行"选择"|"存储选区"命令，将该选区存储为"马路"通道，如图 8-12 所示，便于随时调用该选区。

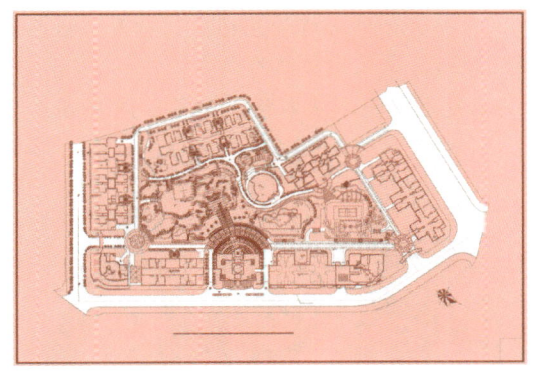
图 8-11 查看选取范围

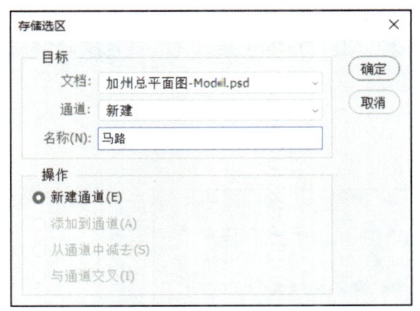
图 8-12 存储选区

⑭ 新建一个图层，重命名为"马路"，如图 8-13 所示。单击前景色色块，打开"拾色器"对话框，设置前景色为深灰色，色值参数参考为 #858a8d，设置背景色为白色。

⑮ 按 Alt+Delete 快捷键，快速填充前景色，为马路创建一个基本色，如图 8-14 所示。

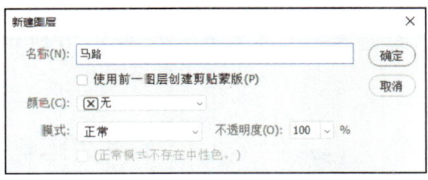
图 8-13 新建图层

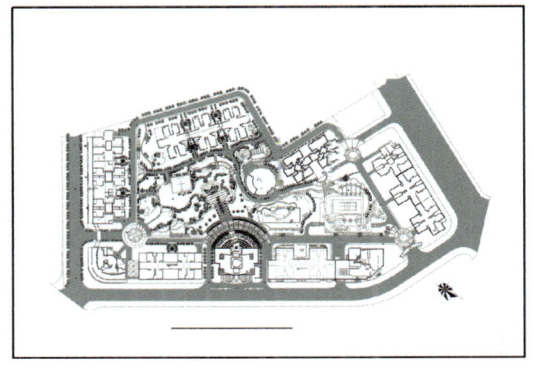
图 8-14 填充前景色

⑯ 新建"色块"组，并将"马路"图层置于其中，如图 8-15 所示，方便管理图层。

⑰ 选择"总平面图"图层，利用魔棒工具，选择草地范围。按 Q 键，在蒙版编辑模式中观察建立选区的结果，如图 8-16 所示。

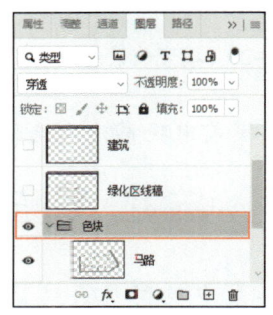
图 8-15 新建组

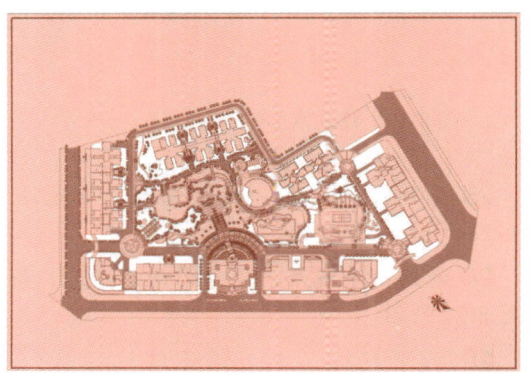
图 8-16 建立草地选区

⑱ 新建一个图层，重命名为"草地"，如图 8-17 所示。单击前景色色块，打开"拾色器"对话框，设置前景色为深灰色，色值参数参考为 #82b933，设置背景色为白色。

⑲ 按 Alt+Delete 快捷键，快速填充前景色，为草地创建一个基本色，如图 8-18 所示。

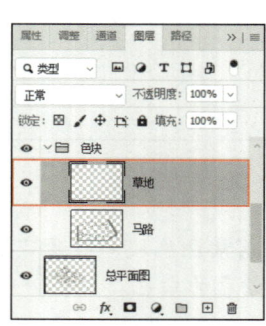

图 8-17　新建图层

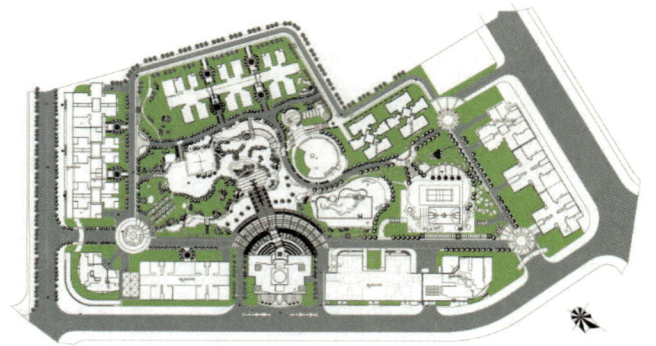

图 8-18　填充前景色

⑳ 选择"总平面图"图层，利用魔棒工具，选择水面范围。按 Q 键，在蒙版编辑模式中观察建立选区的结果，如图 8-19 所示。

㉑ 新建一个图层，重命名为"水面"。单击前景色色块，打开"拾色器"对话框，设置前景色为深灰色，色值参数参考为 #516fae，设置背景色为白色。

㉒ 按 Alt+Delete 快捷键，快速填充前景色，为水面创建一个基本色，如图 8-20 所示。

图 8-19　建立水面选区

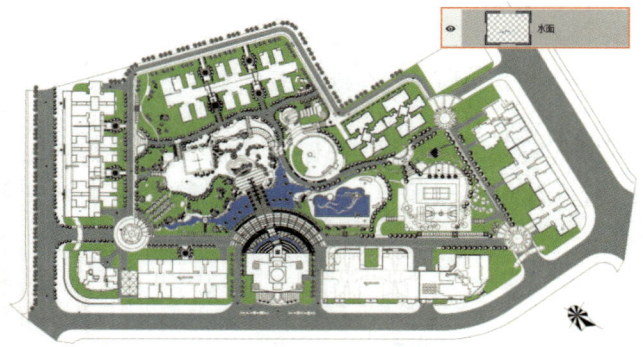

图 8-20　填充前景色

㉓ 利用魔棒工具，创建露天广场选区。在蒙版编辑模式中观察建立选区的结果，如图 8-21 所示。

㉔ 新建一个图层，重命名为"露天广场"。设置前景色为 #e8a9da，为选区填充前景色，如图 8-22 所示。

㉕ 利用魔棒工具，创建铺地选区。在蒙版编辑模式中观察建立选区的结果，如图 8-23 所示。

图 8-21 创建露天广场选区

图 8-22 填充前景色

㉖ 新建一个图层,重命名为"铺地"。设置前景色为 #f9cb69,为选区填充前景色,如图 8-24 所示。

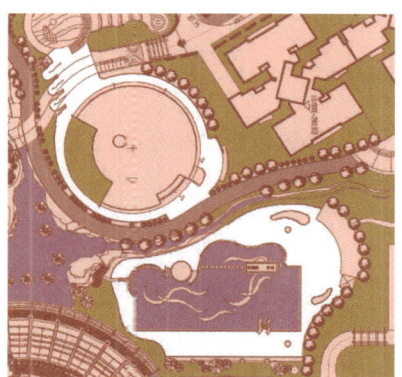
图 8-23 创建铺地选区

图 8-24 填充前景色

㉗ 利用魔棒工具,创建建筑选区。在蒙版编辑模式中观察建立选区的结果,如图 8-25 所示。

㉘ 新建一个图层,重命名为"建筑"。设置前景色为 #fbf8d1 为选区填充前景色,如图 8-26 所示。

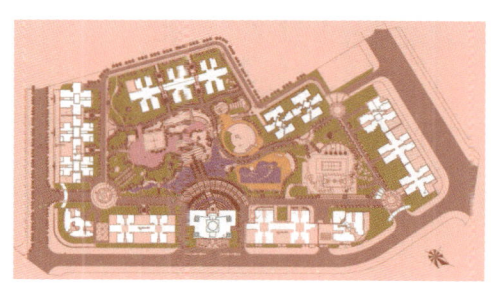
图 8-25 创建建筑选区

图 8-26 填充前景色

㉙ 利用魔棒工具,创建地面选区。新建一个图层,重命名为"地面"。设置前景色为 #d0d0ce,为选区填充前景色,如图 8-27 所示。

图 8-27　为地面填充前景色

㉚ 利用魔棒工具，创建人行道选区。新建一个图层，重命名为"人行道"。设置前景色为 #f7e2cd，为选区填充前景色，如图 8-28 所示。完成划分色块的操作。

图 8-28　为人行道选区填充前景色

8.2.4　添加图例

通过前面层次分区的处理，该彩色总平面图已经初具雏形。为了表现彩色总平面图的植被关系，接下来给总平面图添加各式图例。

添加图例的一般顺序为，先布置主干道，再布置干道，最后细分绿化带。要注意颜色的层次和图例大小比例的协调。

添加图例的最终效果如图 8-29 所示,详细的操作过程请观看教学视频。

图 8-29　添加图例的最终效果

8.2.5　制作铺装

在总平面图的设计中,马路、草地的周围一般都是由地砖铺砌而成的人行道。制作时只需要选择合适的地砖纹理,然后填充图案即可。

本例中有广场、人行道等多种铺地。制作时先定义图案,然后使用填充工具或图案叠加图层样式制作。

下面学习常用的制作铺地的方法。

1. 定义图案制作铺装

在制作铺装的时候,仅有系统自带的图案是远远不能满足需要的。这里介绍利用图像定义图案制作铺装效果的方法。

01 在前面我们对效果图进行了分区处理。在这里选择"铺装 1 色决"图层,按住 Ctrl 键,单击该图层缩览图,将其载入选区,如图 8-30 所示,可以看出主要是马路两侧的人行道。

图 8-30　载入选区

02 双击图层的缩览图，打开图层样式面板。在样式列表中选择"图案叠加"样式，展开"图案叠加"样式面板。在图案列表中选择"纹理拼贴"图案，如图8-31所示。

03 设置混合模式为"正片叠底"，缩放比例设置为63%，单击"确定"按钮，效果如图8-32所示。

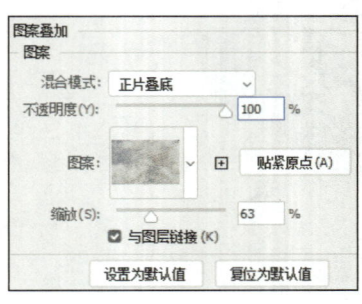

图8-31　选择图案

图8-32　图案叠加效果

04 打开配套资源给定的铺装素材，如图8-33所示，选择其中的点格铺装，如图8-34所示。

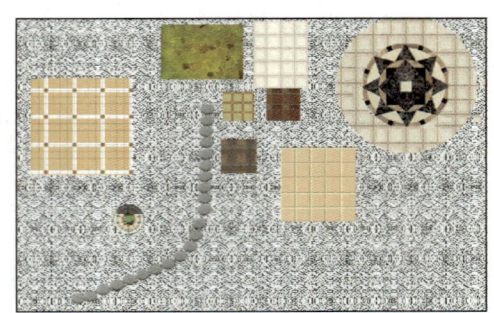

图8-33　铺装素材

图8-34　点格铺装

 技巧　绘制选区，在任务栏中输入提示词，如"浅色瓷砖纹理"，单击"生成"按钮，生成结果如图8-35所示。使用同样的方法，可以生成其他类型的素材。

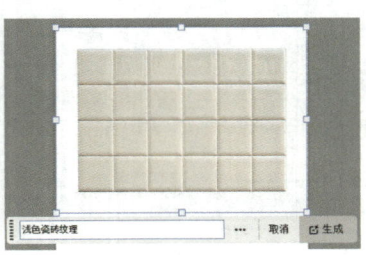

图8-35　生成瓷砖纹理素材

05 使用矩形选框工具 ▭，选择该素材的一个图案元素，如图8-36所示。

06 执行"编辑"|"定义图案"命令，将该图案命名为"点格铺装"，如图8-37所示。

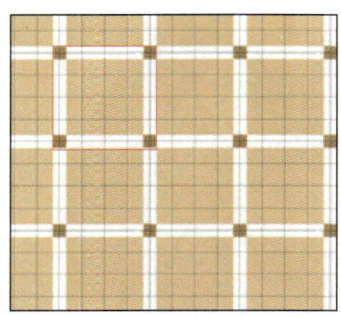
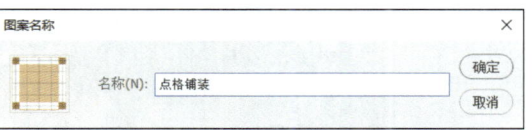

图8-36　选择一个图案元素　　　　　　　图8-37　定义图案

07 回到彩色总平面图文件窗口，展开图层面板，将"铺装3色块"载入选区，如图8-38中红线框包围的区域所示。

08 双击"铺装3色块"图层的缩览图，打开图层样式面板。同样在图层样式中勾选"图案叠加"选项，在图案列表中选择刚刚定义的"点格铺装"，设置参数如图8-39所示。

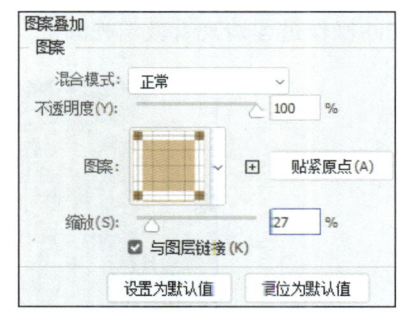

图8-38　载入选区　　　　　　　　图8-39　图案叠加参数设置

09 图案叠加效果如图8-40所示。

图8-40　图案叠加效果

❿ 同样的方法制作其余的铺装效果，铺装完成效果如图8-41所示。

图8-41　铺装完成效果

2. 填充法制作水景广场铺装效果

水景广场铺装效果如图8-42所示。色彩缤纷的广场丰富了效果图的色彩，打破沉闷的纯绿色气氛，另外，生动的墙砖铺装和木质小桥使得效果图更显活泼。

详细的操作过程请观看教学视频。

图8-42　水景广场铺装效果

8.2.6　制作水面

水对人有怡心养性的作用，还能调节气温、净化空气环境。为了迎合人们返璞归真的生活理想，傍水而居的普遍愿望，许多建筑开发商都在住宅景观设计中引入了水景景观设计。开凿人工河道，搭建亭、桥、廊、榭等水边建筑，构筑叠水、溪流、瀑布、喷泉、水池等水景景观，勾勒出一幅人与环境和谐融洽的美好画卷。

水面制作有颜色填充、渐变、水面图像等多种方法，无论使用何种方法都应表现出水边岸堤在水面上的投影以及水面的质感和光感变化，如图8-43所示为几种水面效果。

图 8-43 水面效果

01 打开合适的水面素材,如图 8-44 所示,将其添加到效果图中。

02 按 Ctrl+T 快捷键,调用"变换"命令,将图像缩放至与水池同等大小,如图 8-45 所示。

图 8-44 水面素材 1　　　　　　　　　　图 8-45 缩放素材

03 将"水面"图层载入选区,单击图层面板下方的"添加图层蒙版"按钮，将多余素材隐藏,如图 8-46 所示。

04 由于整个彩色总平面图的颜色偏暗,没有亮点,在这里将水面作为亮点的表现对象,那么需要对水面进行一个调整,使其凸现出来。

05 按 Ctrl+U 快捷键,打开"色相/饱和度"对话框,调整参数如图 8-47 所示。通过调整色相参数,使得水面的颜色偏青色,这样和效果图的色调比较协调。同时提高饱和度和明度,使得颜色看起来鲜艳、明亮,效果如图 8-48 所示。

 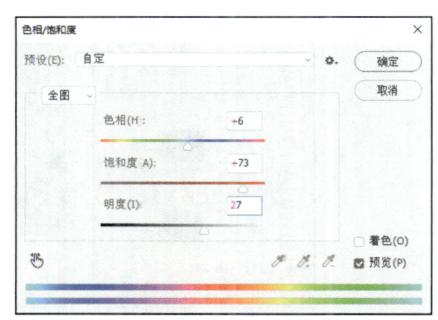

图 8-46 将多余素材隐藏　　　　　　　　图 8-47 "色相/饱和度"参数调整

06 再打开一张水面素材，如图 8-49 所示，用来制作其余水面效果。

图 8-48 "色相/饱和度"调整效果

图 8-49 水面素材 2

07 同样，我们将其添加至彩色总平面图中，为其添加图层蒙版，添加水面素材的效果如图 8-50 所示。

08 按 Ctrl+U 快捷键，打开"色相/饱和度"对话框，调整参数如图 8-51 所示。

图 8-50 添加水面素材的效果

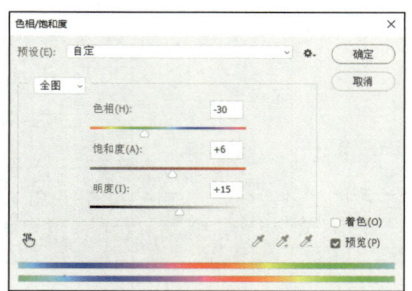

图 8-51 调整参数

09 添加这个真实的水面素材以后，水面的纹理质感得到了体现，美中不足的是水面的明暗关系模糊。根据光线的方向我们可以确定，水面应该表现为左侧光线明亮，右侧稍偏暗，这里我们采取"新建渐变图层"的方法来解决这一问题。

10 新建一个图层，设置前景色为蓝色，色值参数参考为 #75c3ed，设置背景色为白色。

11 使用渐变工具 ，拖动光标填充渐变，如图 8-52 所示。

12 更改图层混合模式为"叠加"，完成水面的制作。

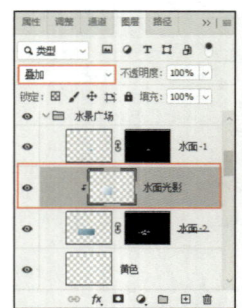
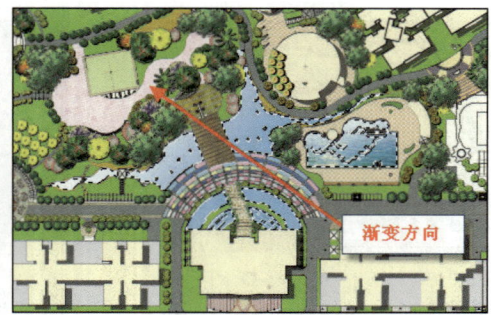

图 8-52 填充渐变

8.2.7 制作玻璃屋顶

在制作玻璃屋顶之前,我们首先要假设光线的方向,这样才可以确定玻璃屋顶的亮面和暗面。我们假设光线是从左上角照射过来的,那么玻璃的亮面就在左边。确定了光线的方向,做起来就不难了。

玻璃屋顶的制作如图 8-53 所示,详细的操作过程请观看教学视频。

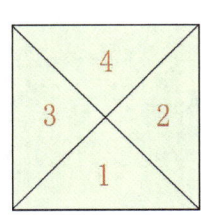  

图 8-53 制作玻璃屋顶

8.2.8 制作草地

制作草地的方法较多,可以使用草地纹理图像、颜色填充、渐变填充或者使用滤镜制作,或者几种方法同时使用。草地在建筑红线内外一定要区分色相、明度和饱和度,不然因颜色缺少变化而显得呆板。

对于比较大的彩色总平面图,尽量不要使用一块真实的草地图片来代替颜色填充,虽然草地图片看起来很真实,但是整体不协调,丕会加大内存消耗。

制作草地后为总平面图补充其他细节元素,最终结果如图 8-54 所示。详细的操作过程请观看教学视频。

图 8-54 最终结果

8.3 月亮岛旅游区大型规划总平面图

随着国内经济的发展和人们生活水平的提高，旅游业得到了迅猛的发展，旅游消费潜力巨大，全国各地都在因地制宜地开发各类旅游区，以吸引更多的旅游者。

本节制作如图 8-55 所示的月亮岛旅游区大型规划总平面图，详细的操作过程请观看教学视频。

图 8-55　月亮岛旅游区大型规划总平面图

第 9 章
室内效果图后期处理实战

与室外效果图的后期处理不同,室内效果图在后期处理时添加的配景一般较少。主要工作是调整效果图颜色、亮度和色调,特别是当场景灯光不是很理想时,往往会需要很多的处理步骤。

由于家装和工装的设计定位、服务对象和侧重点不同,因此本章分别从家装和工装两个角度介绍室内效果图的后期处理方法。

9.1 家装效果图后期处理

家装设计以家庭住宅室内空间为对象，以创造一个舒适的家庭生活空间，满足工作、学习和休息的需要为目的。家装效果图的后期处理，力求强调效果图的功能特点。

9.1.1 把握室内效果图的颜色

色彩是人们在室内环境中最为重要的视觉感受，同时也是室内设计中最为生动、活跃的因素，给人们留下室内环境的第一印象。

在对家居空间进行后期处理之前，应根据主体构思，确定一个住宅室内环境的主色调。例如作为会客、娱乐的场所，客厅多为中性色调。卧室作为私密性很强的空间，更多强调房主的个人偏好，一般设置为紫色或是暖色调，突出温馨、舒适的感觉。

如图 9-1 所示的简约客厅渲染图像偏冷、偏暗，不符合家装客厅的设计定位。作为家居空间，应以暖色调为主，营造出温馨、舒适的气氛，后期处理效果如图 9-2 所示。

图 9-1 简约客厅渲染图像

图 9-2 后期处理效果

1. 整体颜色和色调调整

01 按 Ctrl+J 快捷键复制图层，下面的调整步骤都将在该复制图层上进行，以避免破坏原图像。当调整有误时，仍然可以复制原图像重新进行调整。

02 按 Ctrl+B 快捷键，打开"色彩平衡"对话框，为图像添加红色和黄色色调，如图 9-3 所示，颜色偏差得到极大的改善。

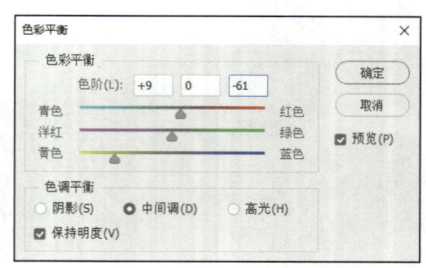

图 9-3 调整色彩平衡

03 按 Ctrl+L 快捷键，打开"色阶"对话框，调整色阶，如图 9-4 所示，扩展图像色调范围，增加图像亮度。

经过上述调整后，图像质量得到极大的改善，下面分别调整各个材质区域，纠正局部图像的颜色和色调问题。

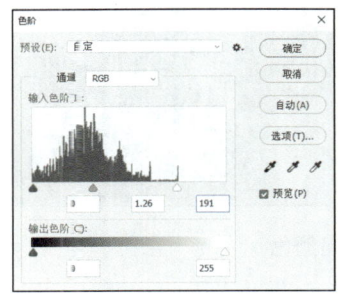 

图 9-4　调整色阶

2. 局部材质调整

01 打开配套资源提供的材质通道图像，如图 9-5 所示。

02 使用移动工具，按住 Shift 键，将材质通道图像拖动复制到效果图窗口。重命名新图层为"通道"，将图层移动至"背景 拷贝"图层的下方。

03 暂时隐藏"背景 拷贝"图层，确认"通道"图层为当前图层。使用魔棒工具，取消工具栏中"连续"复选框的勾选，在背景墙的区域单击，选择该材质区域，如图 9-6 所示。

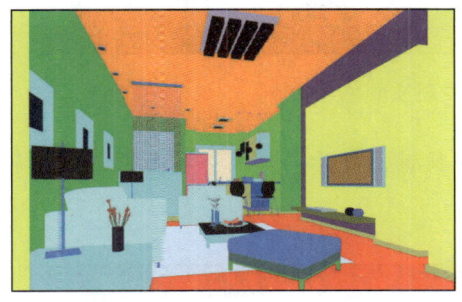 

图 9-5　材质通道图像　　　　　　图 9-6　选择沙发背景墙材质区域

04 显示并选择"背景 拷贝"图层。按 Ctrl+B 快捷键，打开"色彩平衡"对话框，调整背景墙材质的颜色参数，如图 9-7 所示。

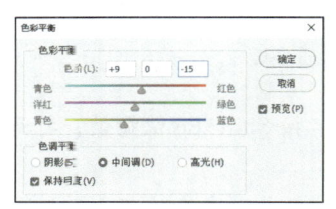 

图 9-7　调整背景墙材质的颜色参数

05 继续选择电视背景墙材质区域，调整颜色如图9-8所示。

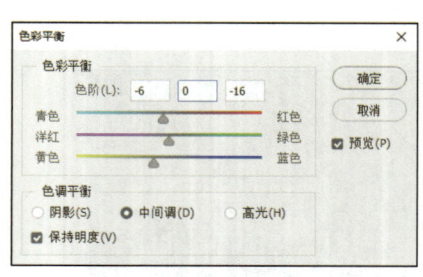 

图9-8　调整电视背景墙颜色

06 选择黄色沙发材质区域，调整颜色如图9-9所示。

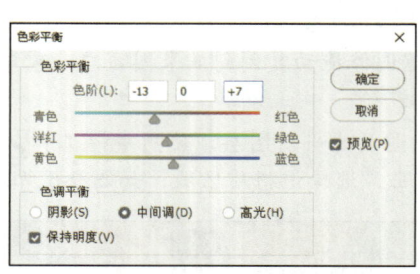 

图9-9　调整黄色沙发材质颜色

07 选择白色单人沙发材质区域，按Ctrl+M快捷键，打开"曲线"对话框。设置参数如图9-10所示，提高单人沙发材质亮度。

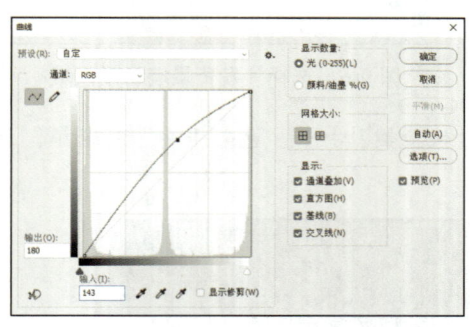 

图9-10　提高单人沙发材质亮度

08 使用多边形套索工具，选择吊顶的灯带区域。按Shift+F6快捷键，打开"羽化选区"对话框，设置"羽化半径"为5像素，对选区进行羽化。

09 按Ctrl+B快捷键，打开"色彩平衡"对话框，恢复灯带本来的颜色，如图9-11所示。

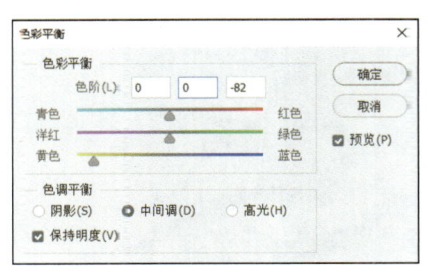 

图 9-11 恢复灯带本来的颜色

在实际工作过程中,读者可以根据需要对各区域材质进行更细致的颜色和色调调整。

3. 整体最终调整

01 执行"滤镜"|"锐化"|"USM 锐化"命令,打开"USM 锐化"对话框,设置参数如图 9-12 所示,使图像看起来更为清晰和锐利。

02 按 Ctrl+J 快捷键,拷贝图像,得到"背景 拷贝 2"图层。执行"滤镜"|"模糊"|"高斯模糊"命令,设置参数如图 9-13 所示,对"背景 拷贝 2"图层进行模糊处理。

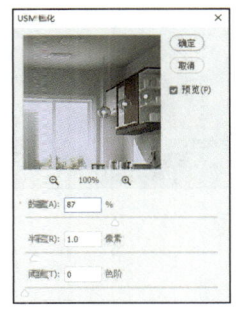 

图 9-12 设置"锐化"参数　　　　　图 9-13 设置"模糊"参数

03 按 Ctrl+M 快捷键,打开"曲线"对话框。将曲线向上弯曲,提高图像的亮度,如图 9-14 所示。

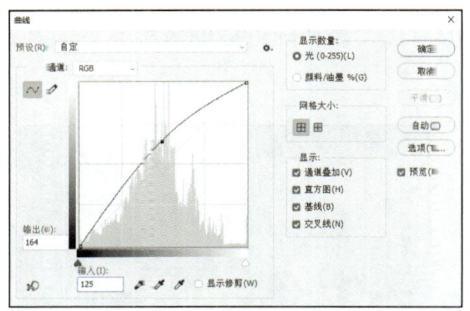 

图 9-14 提高图像的亮度

04 设置"背景 拷贝 2"图层为"叠加"混合模式,降低图层的"不透明度",如图 9-15 所示,加强图像的亮度和材质质感。

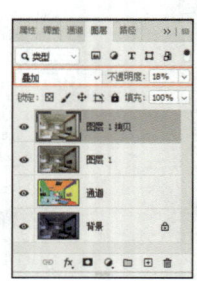

图 9-15　加强图像的亮度和材质质感

05 执行"图层"|"拼合图像"命令，合并所有图层。

06 执行"图像"|"调整"|"亮度/对比度"命令，增强图像的对比度和亮度，如图 9-16 所示，完成室内客厅效果图的最终调整。

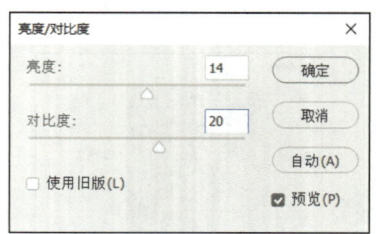

图 9-16　增强图像的对比度和亮度

9.1.2　为室内效果图添加配景

为了减少 3ds Max 建模和渲染的工作量，提高工作效率，很多室内效果图的配景都需要在 Photoshop 后期处理时添加，如植物、生活用品和装饰品等。添加室内配景需要使用到 Photoshop 的变换和颜色调整功能，使添加的配景与室内透视关系、颜色协调一致。

图 9-17 和图 9-18 所示为休闲室添加配景前后的对比，添加配景后的休闲室更为真实、生动和富有情趣。案例的操作过程请观看教学视频。

图 9-17　添加配景前　　　　　　　　　图 9-18　添加配景后

9.1.3 别墅客厅后期处理综合实例

在分别介绍了室内效果图颜色调整和配景的添加方法之后，接下来以一个别墅客厅后期处理的综合实例，全面讲解这些知识和方法的综合运用技巧。

如图 9-19 和图 9-20 所示为别墅客厅处理前后的效果对比。

图 9-19　别墅客厅渲染效果　　　　　　　图 9-20　别墅客厅后期处理效果

1. 整体效果调整

如图 9-19 所示的客厅整体色调比较丰富，但颜色偏冷，在调整局部材质前，先设置图像的整体颜色。

01 运行 Photoshop 软件，打开别墅客厅渲染图像。按 Ctrl+J 快捷键复制图层，保留原图像作为备份。

02 按 Ctrl+B 快捷键，打开"色彩平衡"对话框，设置参数如图 9-21 所示。

03 单击"确定"按钮，为图像增加红色和黄色色调，调整图像的色温，营造客厅的气氛，如图 9-22 所示。

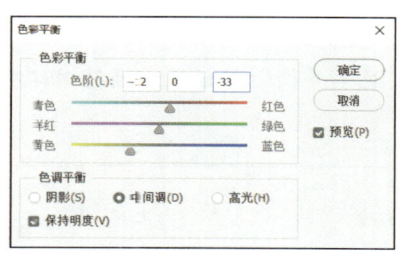 

图 9-21　设置参数　　　　　　　　　　　图 9-22　增加图像暖色调

2. 添加窗外背景

01 按 Ctrl+O 快捷键，打开配套资源提供的树林图像，如图 9-23 所示。

02 按 Ctrl+A 快捷键，全选图像。按 Ctrl+C 快捷键，复制图像至剪贴板。

03 切换到效果图窗口，按 Shift 键，使用魔棒工具，选择窗玻璃材质区域，如图 9-24 所示。

图 9-23　打开树林图像

图 9-24　选择窗玻璃材质区域

> **技巧**　绘制选区，在任务栏中输入提示词，如"生长茂盛的树林，风景摄影"，单击"生成"按钮，生成素材的结果如图 9-25 所示。在属性面板中单击"生成"按钮，可以继续生成素材。或者修改提示词，重新生成。

图 9-25　生成素材

04 执行"编辑"|"选择性粘贴"|"贴入"命令，将剪贴板图像贴入当前选区，得到以当前选区为蒙版的新建图层，玻璃外的背景图像被隐藏，如图 9-26 所示。按 Ctrl+T 快捷键，调整背景图像大小和位置。

05 树木背景颜色偏绿。按 Ctrl+B 快捷键，打开"色彩平衡"对话框，调整树林图像的颜色如图 9-27 所示。

 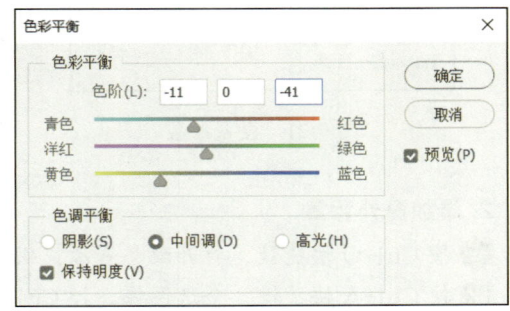

图 9-26　贴入图像　　　　　　　　　　图 9-27　参数设置

06 新建一个图层，设置前景色为白色。使用画笔工具，在工具栏中设置图层的"不透明度"为20%左右，选择"柔边圆"，在落地窗位置绘制半透明白色图像，如图9-28所示。

07 按Alt键，拖动"树林背景"图层蒙版至白色图像图层，创建一个与"树林背景"同样的图层蒙版，玻璃区域外的白色图像被隐藏，模拟出阳光在树林里照射产生的雾效，如图9-29所示，同时也制作了树林背景的层次和景深。

图9-28　绘制半透明白色图像　　　　　图9-29　创建图层蒙版

3. 玻璃材质调整

玻璃材质的主要特性是透明和反射，只有模拟出了这两种特性，玻璃才会显得真实。本客厅场景有落地窗玻璃、阳台护栏玻璃等，由于受到渲染器的限制，没有体现玻璃的反射效果，需要在后期处理过程中创建。

首先模拟落地窗玻璃反射。

01 按Ctrl+Alt+Shift+E组合键，盖印当前可见图层，得到一个当前所有图层的合并图层，如图9-30所示，重命名图层为"玻璃反射"。

02 确认"玻璃反射"图层为当前图层。按↑键，将图层向上、向右移动，以便在玻璃区域能看到室内沙发、椅子等反射的内容。按Alt键复制"树林背景"图层蒙版，设置图层的"不透明度"为30%，体现玻璃的反射效果，如图9-31所示。

图9-30　盖印当前可见图层　　　　　图9-31　复制图层蒙版

03 使用画笔工具，设置前景色为黑色，在工具栏中设置"不透明度"为20%。单击图层蒙版缩览图，进入蒙版编辑状态，在落地窗上端拖动光标，隐藏该区域反射图像，如图9-32所示。

图 9-32　编辑图层蒙版

04 打开配套资源提供的窗帘素材，如图 9-33 所示。

05 执行"编辑"|"变换"|"水平翻转"命令，调整窗帘的方向。按 Ctrl+T 快捷键，调整大小和位置，并将其压扁。使用多边形套索工具，选择并删除多余的图像，添加窗帘如图 9-34 所示。

图 9-33　打开窗帘图像

图 9-34　添加窗帘

06 设置该图层的"不透明度"为 90%，单击"添加图层蒙版"按钮，为窗帘图层添加图层蒙版。使用画笔工具，设置前景色为黑色，"不透明度"为 17%，在白色纱帘位置拖动光标，制作纱帘半透明的效果。

07 按 Ctrl+J 快捷键，复制窗帘图层。按→键多次，将窗帘向右移动，降低图层的"不透明度"，制作窗帘在玻璃中的反光效果。

08 使用矩形选框工具，在一层落地窗玻璃区域创建一个矩形选区并填充白色，如图 9-35 所示。

09 添加图层蒙版并降低图层的"不透明度"，制作底层玻璃的反光效果，如图 9-36 所示。

图 9-35　填充选区　　　　　　　图 9-36　降低图层的"不透明度"

然后制作二层阳台玻璃的反射。

⑩ 制作玻璃反射内容。选择图层面板最顶端的图层，按 Ctrl+Alt+Shift+E 组合键，盖印当前可见图层。

⑪ 使用矩形选框工具[ ]，选择落地窗区域。按 Ctrl+Shift+I 组合键，反向选择当前选区，按 Delete 键清除多余图像，如图 9-37 所示。二层护栏玻璃反射的内容三要是落地窗图像。

⑫ 根据反射的规律，执行"编辑"|"变换"|"水平翻转"命令，调整反射图像的方向。按 Ctrl+T 快捷键，开启"自由变形"，按住 Ctrl 键，向下拖动变换框右侧中间的控制点，斜切变换图像如图 9-38 所示。

图 9-37　清除多余图像　　　　　　　图 9-38　斜刃变换图像

⑬ 在右键菜单中选择"变形"命令，进入"变形变换"模式。在工具栏中选择"拱形"类型，调整合适的"弯曲"参数值，得到如图 9-39 所示的变形效果，使反射图像与玻璃形状基本一致。

⑭ 暂时隐藏反射图像图层，使用套索或钢笔工具选择二层玻璃区域，然后重新显示图层，如图 9-40 所示。

⑮ 单击"添加图层蒙版"按钮[ ]，以当前选区创建图层蒙版，玻璃外的图像被隐藏，如图 9-41 所示。

图 9-39　拱形变形　　　　图 9-40　选择二层玻璃区域　　　　图 9-41　创建图层蒙版

⑯ 单击蒙版缩览图，进入蒙版编辑状态。使用画笔工具 ，设置前景色为黑色，在工具栏中设置"不透明度"为 10% 左右。在玻璃中间区域拖动光标，降低该区域的反射强度，模拟更为逼真的反射效果，因为玻璃的高光区域反射较弱，如图 9-42 所示。

⑰ 单击图层缩览图，进入图层图像编辑状态。按 Ctrl+M 快捷键，打开"曲线"对话框，将曲线向下弯曲，降低反射图像亮度，参数设置如图 9-43 所示，使反射效果更明显。

 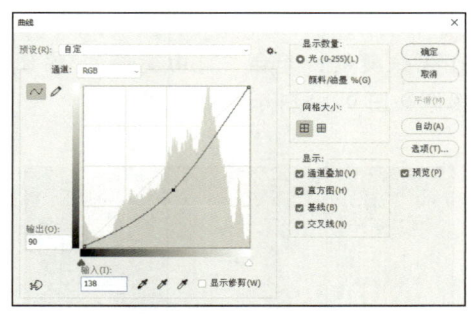

图 9-42　编辑图层蒙版　　　　　　　　图 9-43　参数设置

⑱ 按 Ctrl+B 快捷键，打开"色彩平衡"对话框，调整反射图像的颜色，参数设置如图 9-44 所示。

⑲ 调整图层的不透明度为 50%，完成制作二层阳台玻璃的反射效果。

⑳ 使用同样的方法，制作图像右侧阶梯护栏玻璃的反射效果，如图 9-45 所示。

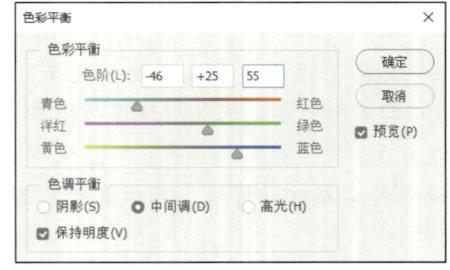 

图 9-44　参数设置　　　　　　　图 9-45　制作右侧阶梯护栏玻璃的反射效果

4. 灯光光效制作

效果图的灯光效果非常平淡，下面使用专用的光效画笔进行调整。

① 按 B 键，切换到画笔工具 ，按 F5 键，显示画笔面板。单击面板右上角的选项按钮 ，在菜单中选择"导入画笔"命令，如图 9-46 所示。

② 在打开的"载入"对话框中选择配套资源提供的"灯光笔刷 .abr"画笔文件，如图 9-47 所示。

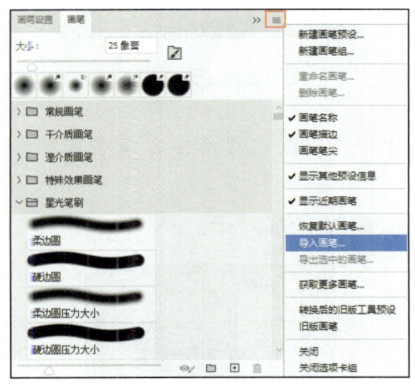

图 9-46　画笔面板　　　　　　　　　　　图 9-47　"载入"对话框

③ 拖动画笔列表框的滚动条，选择载入的筒灯画笔，如图 9-48 所示。

④ 新建一个图层，重命名为"筒灯"。使用画笔工具 ，设置前景色为白色，按"["键调整画笔到合适大小，然后单击，绘制筒灯灯光效果如图 9-49 所示。

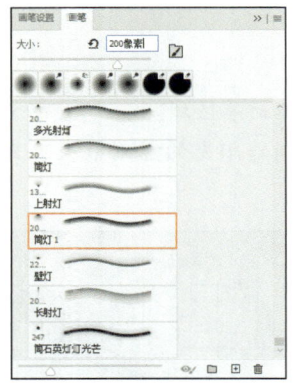

图 9-48　选择筒灯画笔　　　　　　　　　图 9-49　绘制筒灯灯光效果

⑤ 按 Ctrl+T 快捷键，开启"自由变换"，扭曲变换图像如图 9-50 所示。使灯光光效与原灯光相吻合，最后按 Enter 键应用变换，并设置"不透明度"为 30%。

⑥ 按住 Ctrl 键，并单击图层缩览图。选择光效图像，按 Alt 键拖动光标复制，得到另外两盏筒灯，如图 9-51 所示。按住 Ctrl 键，再次单击"筒灯"图层缩览图，载入 3 个筒灯选区，并暂时隐藏该图层。

图9-50 扭曲变换图像

图9-51 复制筒灯

07 选择"背景 拷贝"图层。按Ctrl+M快捷键，打开"曲线"对话框，调整曲线如图9-52所示，提高该区域图像亮度，制作筒灯的照射效果。

08 使用同样的方法，制作沙发背景墙的筒灯光效，如图9-53所示。

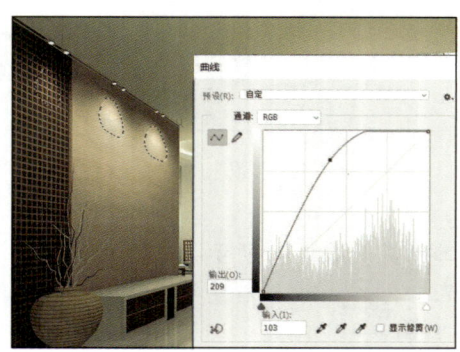
图9-52 调整曲线

图9-53 制作沙发背景墙的筒灯光效

5. 墙体材质调整

01 使用多边形套索工具，选择如图9-54所示的墙体材质区域。

02 选择减淡工具，在墙体靠窗的区域拖动光标，制作阳光的照射效果，光线强度向内逐渐减弱，如图9-55所示。

图9-54 选择墙体材质区域

图9-55 制作墙体阳光照射效果

6. 添加配景

使用前面介绍的方法，为室内添加盆栽、沙发抱枕、挂画、植物、装饰瓶等配景素材，如图 9-56 所示，并制作相应的阴影和倒影效果。

图 9-56　添加配景

7. 最终调整

01 选择图层面板最顶端的图层，按 Ctrl+Alt+Shift+E 组合键，盖印当前所有可见图层。

02 执行"滤镜"|"模糊"|"高斯模糊"命令，打开"高斯模糊"对话框，设置模糊半径为 5 像素，如图 9-57 所示，单击"确定"按钮。

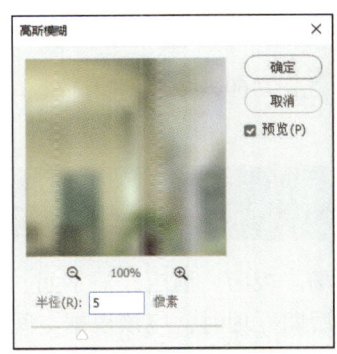

图 9-57　高斯模糊

03 按 Ctrl+M 快捷键，打开"曲线"对话框，将控制曲线向上弯曲，提高图像亮度，如图 9-58 所示。

04 设置图层混合模式为"叠加"，"不透明度"为 30%，将当前图层与下方图像进行混合，加强颜色和光感，得到如图 9-59 所示的效果。

05 执行"图层"|"拼合图像"命令，合并所有图层。

06 执行"滤镜"|"锐化"|"USM 锐化"命令，打开"USM 锐化"对话框，设置参数如图 9-60 所示，对图像进行锐化处理，加强清晰度，最终完成别墅客厅效果图的后期处理。

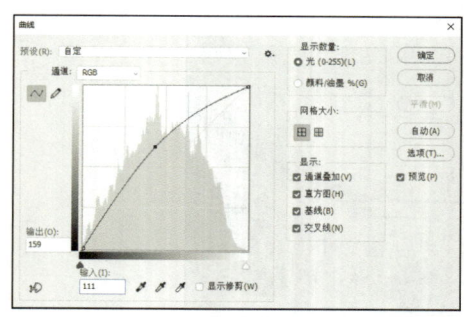 

图 9-58　提高图像亮度

图 9-59　加强颜色光感　　　　　图 9-60　设置锐化参数

9.2　工装效果图后期处理

工装泛指有一定规模的公共场所设施的装饰工程，例如商场、饭店、酒店、写字间、银行大厅等。与家装相比，工装专业分工较细。在进行工装效果图后期处理时，应该根据空间的使用功能和建筑风格考虑不同的处理方法。例如行政大厅要体现其严肃性，酒店大厅应营造出富丽堂皇的效果，办公空间则要体现出严谨和井然有序。

9.2.1　餐厅包间后期处理

餐厅包间是工装设计常见的空间形式。本餐厅的包间为中式风格，由于灯光布置原因，画面平淡，缺乏亮点，如图 9-61 所示。

如图 9-62 所示为 Photoshop 后期处理效果，通过制作灯带和吊顶的光效和质感，添加花瓶艺术装饰和制作镜子的反射效果，使包间装饰效果得到大大的改观。

详细的调整过程请观看教学视频。

图 9-61　3ds Max 渲染效果　　　　　图 9-62　Photoshop 后期处理结果

9.2.2 酒店大堂效果图后期处理

酒店大堂效果图的设计制作追求的是高贵典雅、富丽堂皇的视觉效果，所有的处理内容，包括室内墙壁、地板、天花板、装饰墙的颜色，以及添加的吊灯、射灯等装饰灯光，大都以金黄色调为主，以渲染氛围、烘托气氛。

本案例以酒店大堂为对象，重点讲解通过颜色和色调调整，营造酒店大堂气氛的方法，如图 9-63 所示为后期处理结果的前后对比。详细的操作过程请观看教学视频。

图 9-63　酒店大堂后期处理结果的前后对比

第 10 章
透视效果图后期处理

　　室外建筑效果图后期处理的基本思路是从整体到局部，再到整体。从整体到局部，要求我们对建筑设计构思要有一个大的方向的把握。例如有的建筑是住宅楼，有的是学校，有的是临街商业楼，有的是休闲场所，那么我们就要根据建筑本身的用途来选取适当的素材完成效果图的制作。大的方向把握好了，局部就是放置适当的素材，调整大小、位置、方向、色彩等。最后我们又要回到整体，查看整个构图，调整效果图的色彩平衡、亮度/对比度以及色相/饱和度等。

　　本章通过几个大型综合案例，分别讲解不同类型的建筑效果图的后期处理思路和方法以及相关的技巧。

10.1 别墅周边环境表现

与其他的建筑类型相比,别墅的独特性主要表现在因地制宜、巧妙地利用地形组织室内外空间,建筑与环境紧密结合。别墅既是欣赏大自然的场所,同时也成为自然风景的一部分。

在进行后期处理之前首先了解一下建筑的风格。德式建筑简洁大气,法式建筑呈现出浪漫典雅风格,而地中海式建筑风格以清新明快为主,极富质感的泥墙、陶罐花瓶、摇曳的棕榈树,露天就餐台,体现地中海人悠闲和纯朴的生活方式。

本节处理的是极具江南特色的水景别墅,如图 10-1 所示。这里绿树倒影,建筑掩映在其中,清丽、婉转,俨然一幅自然的画卷,富有江南生活的气息。

图 10-1　江南水景别墅

通过本实例的学习,读者可以熟悉效果图后期处理的基本流程和方法,学习表现建筑周边的环境的文学,并据此触类旁通,达到建筑和环境表现的统一。

10.1.1　大范围调整——添加天空、水面

在处理建筑效果图之前,一定要有大的方向的把握,在本章的引言中我们也讲到了,首先将整体的布局确定,主要是天空和地面部分,这样处理起来,整个效果图的色彩和风格才有章可循。

1. 添加天空

01 运行 Photoshop 软件,打开别墅周边环境表现的原始文件,如图 10-2 所示。我们可以看到,该文件只是简单地将建筑通过三维建模、输出成一个模型,而周边环境还是一片空白,我们接下来要做的工作就是完成周边环境的制作。

图 10-2　原始文件

02 按 Ctrl+O 快捷键,打开配套资源提供的天空素材,如图 10-3 所示。

图 10-3　天空素材

03 按 Ctrl+A 快捷键，选择天空素材。然后复制粘贴至当前别墅效果图的文件中，使用移动工具，移动图像至合适的位置，如图 10-4 所示。

图 10-4　添加天空图像

2. 添加水面

01 继续打开水面素材文件，该水面有真实的倒影效果，如图 10-5 所示。

图 10-5　水面素材

> **技巧**　绘制选区，在任务栏中输入"波光粼粼的湖面，风景摄影"，单击"生成"按钮，从生成结果中选择合适的一张，如图 10-6 所示，可以将其应用到案例制作中。

图 10-6　生成水面素材

02 按 Ctrl+A 快捷键，将水面进行全选，然后复制粘贴到效果图中，如图 10-7 所示。由于水面的尺寸和效果图的尺寸并不一致，需要对其进行处理。按 Ctrl+T 快捷键，调整水面的大小。

图 10-7　添加水面素材

03 按住 Ctrl 键，单击水面素材的图层缩览图，将其载入选区，如图 10-8 所示。

图 10-8　载入选区

04 选中移动工具，按住 Alt 键，此时鼠标会变成双箭头形状，拖动光标，即可复制选区内的水面，如图 10-9 所示。

图 10-9　复制水面

技巧　在选中移动工具的状态下，复制选区内的图像，可以按方向键细微调整复制图像的方向，便于图像的对齐。

05 将选区内的图像再次复制一次，为了避免水面重复元素太多，我们可以将第二次复制的水面加以变化。按 Ctrl+T 快捷键，调用"变换"命令，将选区内的水面素材横向拉伸，直到水面覆盖下方所有的区域，如图 10-10 所示。

图 10-10　拉伸图像

06 按 Enter 键应用变换，按 Ctrl+D 快捷键取消选择。

07 添加天空、水面素材完成效果如图 10-11 所示，大范围调整完成。

图 10-11　大范围调整效果

10.1.2　局部刻画——添加植被、树木

在一幅效果图中，细部刻画是非常重要的，它是环境因素表现的主要承载体，刻画精细程度将直接影响到效果图的最后效果。另外它的选材也是有讲究的，根据不同风格、不同类型的建筑，它的选材也有所侧重。例如这是一栋江南水乡别墅的效果图，那么选材应该以绿色植物为主，树木茂盛，营造佳木葱茏、伴水而生的景致。

1. 添加远景树木

01 按 Ctrl+O 快捷键，打开如图 10-12 所示的远景素材。

02 执行"选择"|"颜色范围"命令，弹出"颜色范围"对话框。使用吸管工具，单击图像中的白色区域，如图 10-13 所示，选择的区域将以白色在对话框的图像窗口中显示，未选择的区域将以黑色区域进行显示。在效果图中，未选择的区域以 50% 红的蒙版区域进行显示。

03 单击"确定"按钮，退出"颜色范围"对话框，得到如图 10-14 所示的选区。

04 按 Ctrl+Shift+I 组合键，反向选择选区，得到树木素材。按 Ctrl+C 快捷键，对选区内的图像进行复制，粘贴到当前效果图的窗口，得到一个新的图层，命名为"远景"。

05 按 Ctrl+T 快捷键，调用"变换"命令，将素材适当地放大。移动到"建筑"图层的下方，将远景的地平线和渲染的建筑的地平线对齐，制作随意的远景效果，如图 10-15 所示。

第 10 章 透视效果图后期处理

图 10-12 远景素材

图 10-13 "颜色范围"对话框

图 10-14 选区示意图

图 10-15 添加远景

> 技巧　颜色范围根据色彩相似的原理对像素进行选择，颜色容差值越大，则选择的颜色范围越广。

06 放大显示图像，该素材的周边有白色的杂边，如图 10-16 所示，这将影响素材的美感。执行"图层"|"修边"|"去边"命令，弹出"去边"对话框，设置参数为 1 像素。

07 单击"确定"按钮，退出对话框，去边效果如图 10-17 所示。

图 10-16 白色杂边

图 10-17 去边效果

08 为了使树木和天空衔接得更自然，通常会将树木的边缘进行虚化处理。

09 使用橡皮擦工具，设置参数如图 10-18 所示。

图 10-18 橡皮擦参数设置

167

⑩ 在树木的边缘部分适当地擦除，使之与天空衔接自然，如图 10-19 所示。

⑪ 按 Ctrl+J 快捷键，将"远景"图层复制一层，得到"远景拷贝"图层。

⑫ 将"远景拷贝"图层放置在左侧，如图 10-20 所示。

图 10-19　适当地擦除边缘

图 10-20　复制远景素材

⑬ 根据场景光线可知，左侧的光线较暗，树木的颜色和明度需要进行调整。按 Ctrl+B 快捷键，打开"色彩平衡"对话框，调整参数如图 10-21 所示。

⑭ 单击"确定"按钮，退出"色彩平衡"对话框，调整效果如图 10-22 所示。

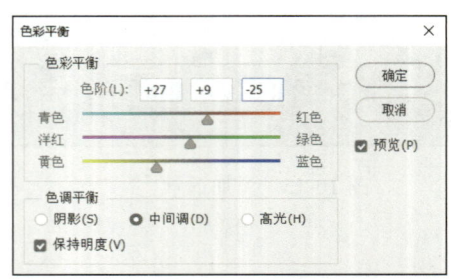

图 10-21　"色彩平衡"参数调整

图 10-22　调整效果

⑮ 按 Ctrl+L 快捷键，打开"色阶"对话框，调整图像的色阶，将色调压暗，参数设置如图 10-23 所示，调整效果如图 10-24 所示。

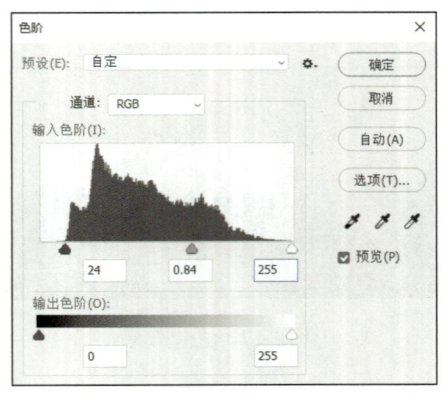

图 10-23　"色阶"参数设置

图 10-24　调整效果

⑯ 处理树木的高光部分。使用套索工具，根据树木素材本身的高光分布状况，自由地选取，建立选区如图 10-25 所示。

⑰ 按 Shift+F6 快捷键，打开"羽化选区"对话框，设置羽化半径为 50 像素，如图 10-26 所示。

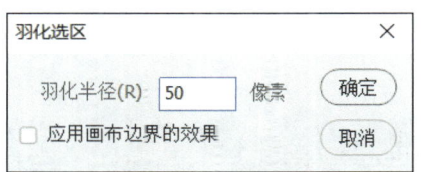

图 10-25　建立选区　　　　　　　图 10-26　"羽化选区"对话框

> **技巧**　在建立选区的时候，按住 Shift 键，可以添加选区，按住 Alt 键，可以减选选区。

⑱ 选择"远景拷贝"图层。按 Ctrl+B 快捷键，打开"色彩平衡"对话框，设置参数如图 10-27 所示。制作树木树冠部分的高光效果，如图 10-28 所示。

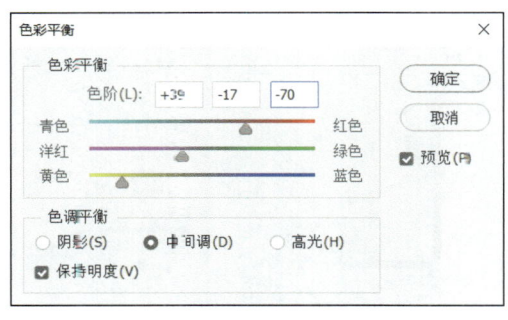

图 10-27　设置参数　　　　　　　图 10-28　树木树冠的高光效果

⑲ 继续选择"远景"图层，打开"色彩平衡"对话框，分别设置它的中间调参数和高光参数，如图 10-29 和图 10-30 所示。

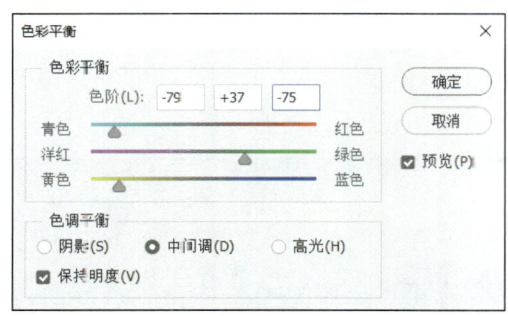
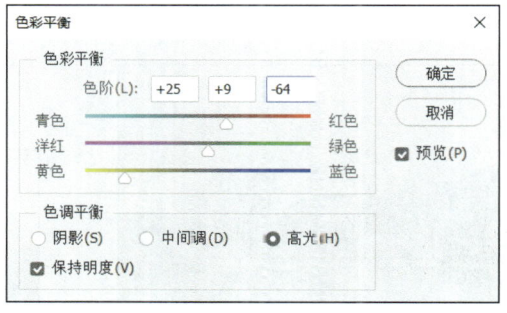

图 10-29　中间调参数　　　　　　图 10-30　高光参数

⑳ 单击"确定"按钮，得到如图 10-31 所示的树木高光效果。

2. 添加中景树木

继续给建筑周围添加树木配景，在添加过程中注意树木的层次以及树木的添加先后顺序。

❶ 选择如图10-32所示的树木素材，添加到效果图的左侧，将图像缩小至如图10-33所示。

图10-31　树木高光效果　　　　　　　　　　图10-32　树木素材

该树木素材处于建筑的阴影之中，颜色过于鲜亮，应该适当降低其明度。

❷ 按Ctrl+M快捷键，打开"曲线"调整对话框，如图10-34所示，调整图像的曲线，降低图像的明度，效果如图10-35所示。

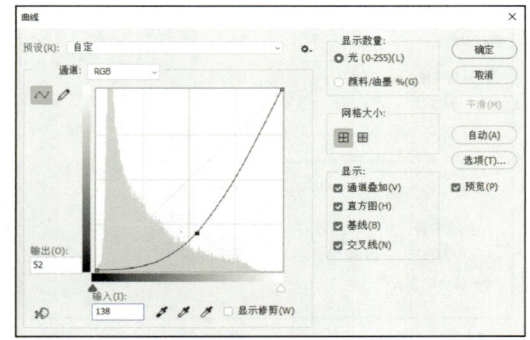

图10-33　添加树木素材　　　　　　　　　　图10-34　"曲线"调整对话框

❸ 按Ctrl+J快捷键，复制该图像至新的图层。使用移动工具，将其移动到其余建筑的右侧。调整图层顺序，移动到"建筑"图层的下方，添加其余建筑的树木衬景，如图10-36所示。

图10-35　"曲线"调整效果　　　　　　　　图10-36　添加其余建筑的树木衬景

❹ 继续添加树木素材，如图10-37所示。将其置于中心广场的左侧，调整大小至如图10-38所示。

图 10-37 树木素材

图 10-38 添加树木

05 按 Ctrl+M 快捷键,打开"曲线"调整对话框,调整参数如图 10-39 所示。树木的明度被压暗,与周边的树木呈现出不同的明暗关系,层次分明,调整效果如图 10-40 所示。

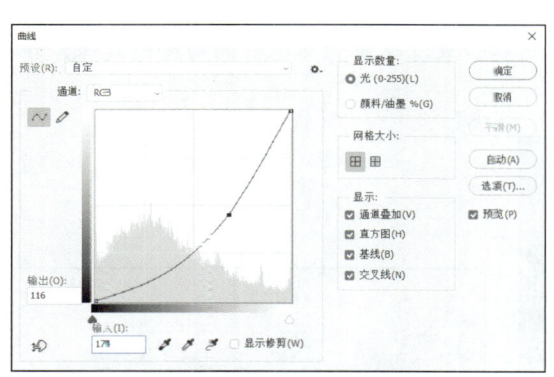
图 10-39 "曲线"调整对话框

图 10-40 调整效果

06 利用同样的方法,再添加几棵这样的树木,注意树木近大远小的透视规律,效果如图 10-41 所示。

07 继续打开树群素材,如图 10-42 所示,用来丰富中心广场周边的绿化。

图 10-41 添加多棵树木效果

图 10-42 树群素材

08 将素材添加至如图 10-43 所示的位置,调整大小,使其和场景比例协调。

09 调整素材的色相，将视线牵引至画面中心。按 Ctrl+U 快捷键，打开"色相/饱和度"对话框，调整参数如图 10-44 所示，调整后的效果如图 10-45 所示。

图 10-43　添加树群

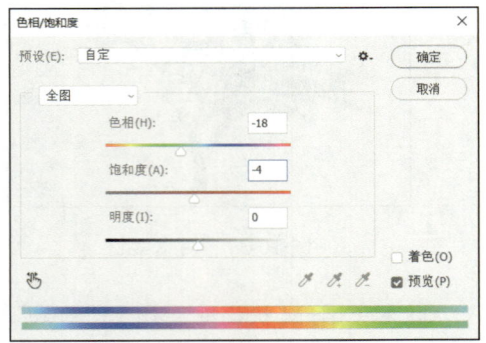

图 10-44　"色相/饱和度"对话框

10 处理挡在建筑前面的树木，将建筑隐隐遮挡，表现建筑和环境之间的掩映趣味，在树木素材中选择如图 10-46 所示的树丛素材。

图 10-45　调整后的效果

图 10-46　树丛素材

11 将该素材添加到效果图中如图 10-47 所示的位置。

图 10-47　添加树丛素材

12 调整曲线参数，将树丛的明度降低，使树丛看起来更真实，光线和场景更相符，如图 10-48 所示。

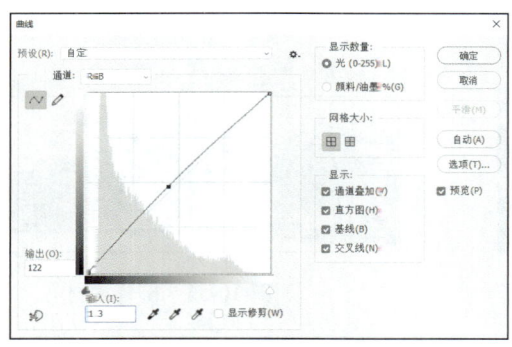 

图 10-48　调整树丛的明度

⑬ 在建筑较为生硬的地方添加竹子为点缀，打破画面生硬的感觉，如图 10-49 所示。

图 10-49　添加竹子

⑭ 继续添加树木，选择如图 10-37 所示的树木素材，在如图 10-50 所示的位置添加。

⑮ 按 Ctrl+B 快捷键，打开"色彩平衡"对话框，调整树木素材的色相、饱和度等，如图 10-51 所示。

 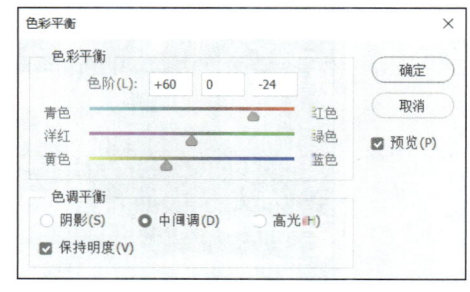

图 10-50　添加树木　　　　　　　　　图 10-51　"色彩平衡"对话框

⑯ 虽然和前面的树是一个种类，但是经过颜色调整之后，不仅在颜色上更丰富，而且树种搭配上也得到了完善，调整颜色效果如图 10-52 所示。

⑰ 打开如图 10-53 所示的柳树素材，在河岸的消失处添加柳树，使画面更加轻盈。

⑱ 将其移动复制到当前效果图的窗口，按 Ctrl+T 快捷键，调用"变换"命令，将素材进行缩小处理，添加至如图 10-54 所示的位置。

图 10-52　调整颜色效果

图 10-53　柳树素材

图 10-54　添加柳树素材

3. 水岸处理

临近水边的区域，我们称之为水岸，这里植被关系较为简单，一般以水生植物为主，植物多有倒影，沿岸常见草坡和岩石。

01 打开素材文件，选择其中的草坡素材，如图 10-55 所示。

图 10-55　打开草坡素材

02 选择草坡所在的图层，按住 Ctrl 键，单击图层缩览图，将其载入选区。

03 按 Ctrl+C 快捷键，进行复制。回到当前效果图的操作窗口，按 Ctrl+V 快捷键，进行粘贴。

04 将草坡素材移动至如图 10-56 所示的位置。

图 10-56　添加草坡素材

05 调整草坡的亮度。按 Ctrl+M 快捷键，打开"曲线"调整对话框，调整参数，如图 10-57 所示。

06 调整草坡的亮度之后，颜色变暗，处在阴影之下，调整效果如图 10-58 所示。

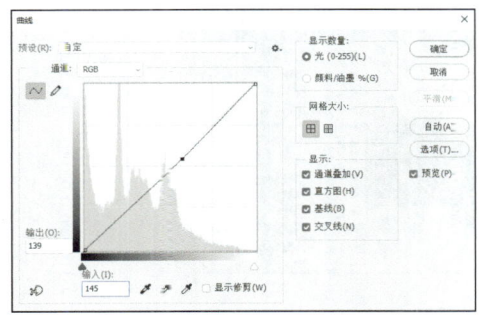

图 10-57　"曲线"调整对话框

图 10-58　调整效果

07 继续添加水生植物，打开如图 10-59 所示的水岸素材。

图 10-59　水岸素材

08 展开图层面板，按住 Shift 键，单击第一个图层，再单击最后一个图层，选中所有的图层，如图 10-60 所示。

09 单击图层面板下方的"链接图层"按钮 ，将这些图层进行链接。链接成功之后，每个图层的后面都出现链接的标志 ，如图 10-61 所示。

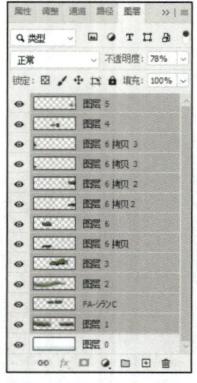
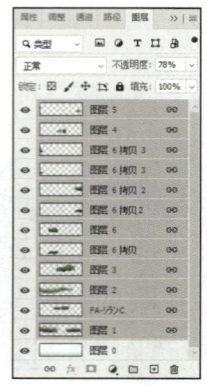

图 10-60　选中图层　　　　　　　　图 10-61　链接图层

⑩ 使用移动工具 ，将这些图层全部拖进当前的效果图中，如图 10-62 所示。

图 10-62　添加素材

⑪ 按 Ctrl+T 快捷键，调用"变换"命令，将图像整体缩小。继续调整水草的透视关系，显示效果如图 10-63 所示。

图 10-63　调整素材的显示效果

第 10 章 透视效果图后期处理

技巧　链接多个图层之后再操作，可以同时对其进行移动、大小调整等操作，不会改变之前图层之间的组合关系，这样简化了多个图层逐一调整的麻烦，也避免了不小心移动已经组合好的图层。如果想要对单个图层进行移动、大小变换，单击该图层后面的链接按钮，即可解除链接，成为独立的一个图层。

⑫ 按 Ctrl+L 快捷键，打开"色阶"对话框，调整明度参数，如图 10-64 所示。

⑬ 将较亮的水草颜色压暗，效果如图 10-65 所示。

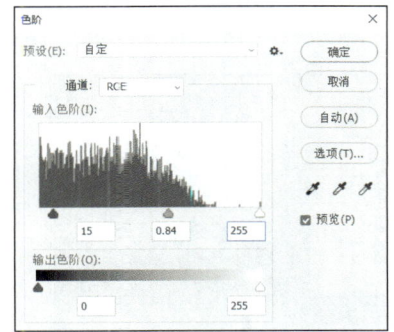

图 10-64　"色阶"对话框　　　　　图 10-65　调整色阶效果

⑭ 继续打开荷花素材，如图 10-66 所示。

图 10-66　荷花素材

⑮ 将其添加到效果图中，营造甜甜荷香的水乡韵味，效果如图 10-67 所示。

图 10-67　添加荷叶效果

4. 倒影制作

制作水边环境的效果图，倒影是必不可少的，它对水面的表现以及环境的烘托都非常重要。虽然之前我们在选择水面素材的时候，选择了带倒影的水面素材，但是在添加植被之后，我们还需要根据实际情况，对倒影做进一步的完善，使其和实际相符。

下面来学习制作建筑的倒影，树影依此类推即可。

01 打开图层面板，选择"建筑"图层，按 Ctrl+J 快捷键，复制图层至新的图层，得到"建筑拷贝"图层。

02 按 Ctrl+T 快捷键，调用"变换"命令。右击，选择"垂直翻转"命令，如图 10-68 所示。

图 10-68　选择"垂直翻转"命令

03 按 Enter 键应用变换，得到建筑倒立的图像，如图 10-69 所示。

图 10-69　建筑倒立的图像

04 使用移动工具，将图像进行移动、对齐，以便接下来制作倒影，如图 10-70 所示。

图 10-70　对齐图像

05 由于受水面波纹的影响，倒影会出现一定的波动，在后期处理中，通常使用滤镜菜单下的"动感模糊"命令，来制作模糊的倒影效果。

06 执行"滤镜"|"模糊"|"动感模糊"命令，弹出"动感模糊"对话框，设置参数如图 10-71 所示。

07 单击"确定"按钮，退出该对话框，得到如图 10-72 所示的效果。

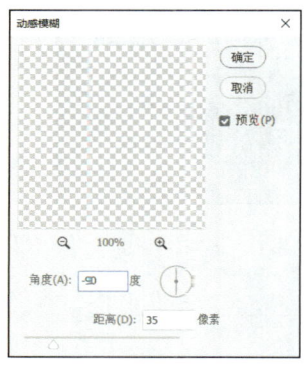

图 10-71 "动感模糊"参数设置　　　　　图 10-72 "动感模糊"效果

08 设置图层的"不透明度"为 50% 左右，如图 10-73 所示。

图 10-73　调整不透明度的效果

09 为了表现出水面的宽阔，加强景深效果，可以调用"变换"命令，将倒影压低，如图 10-74 所示。

图 10-74　将倒影压低

⑩ 建筑倒影到此制作完成，用同样的方法添加树木在水面产生的倒影，效果如图 10-75 所示。

图 10-75　倒影效果

10.1.3　调整

基本完成周边环境的设置之后，最后我们再回到大的格局上来，调整效果图的构图，加强画面的景深效果，让视觉中心突出，增强整体的画面感。调整的最终结果如图 10-76 所示，详细的操作过程请观看教学视频。

图 10-76　别墅效果图

10.2　小区环境设计与表现

小区是群体性建筑，常采用阵列式的布局，周边环境以灌木、花草为主。选择四季常青的树木种植在建筑的周边，除了美化环境，还能遮挡阳光、吸走灰尘、净化空气等。这样的小区通常环境优雅、四季如春，非常适合人们居住。

本节通过具体的实例来讲述小区环境设计与表现的后期处理技法。处理前和处理后的效果图对比如图 10-77 所示。小区效果图大胆使用了黄昏这个时间的光线效果，整个小区都笼罩在一种暖暖的颜色氛围里，并不局限于绿树红花的常规表现手法。

详细的操作过程请观看教学视频。

处理前　　　　　　　　　　　　　　　　　处理后

图 10-77　小区环境处理前后的效果图对比

10.3　现代花架设计与表现

随着城市建设的不断发展和进步，建筑风格演绎得越来越完美，人们对环境的要求也越来越高，对建筑的风格和样式有着不同层次的追求。建筑设计师们匠心独具，他们的设计总能带给人们意外的惊喜。现代花架的出现，就是一个典型的例子。

现代花架常见于河道、园林水边、别墅等区域，既可以作为休憩的场所，又对环境的表现有着美化的作用，可谓一石二鸟。

处理之前花架只具备了一个雏形，具体的情境设计还需要我们发挥想象，给花架添加大的环境。后期处理之后，花架笼罩在湖光里，意境由心而生，如效果图中"静妙"二字，给人以美好的感受。

处理前后的效果对比如图 10-78 所示。详细的操作过程请观看教学视频。

处理前　　　　　　　　　　　　　　　　　处理后

图 10-78　现代花架处理前后的效果对比

10.4　公园景观设计与表现

园林是自然的空间境域，与文学、绘画有相异之处。园林意境寄情于自然物及其综合关系之中，情生于境而又超出由之所激发的境域事物之外，给观者以余味或遐想余地。

我国是四大文明古国之一，文化源远流长，园林艺术亦是中国文化的一脉。与一般建筑不同的是，园林不单纯只是一种物质环境，更是一种艺术形象。它以欣赏价值为主，其间所种多为观赏性强的花草树木，讲究的是神韵，表现的是山水典藏的非凡魅力。

公园景观处理前后的效果对比如图 10-79 所示。详细的操作过程请观看教学视频。

从处理效果来看，景观效果图的制作有很大的发挥空间，对于环境的处理非常灵活。处理前我们所能看到的仅仅只是一座小桥和一个亭子，还有简单的一块绿地规划区域，这样的模型看起来索然无味，没有生气。通过后期的加工处理，小桥和亭子掩映在绿树碧水之间，如一幅婀娜多姿的江南画卷，目所能及处处是画，美不胜收。

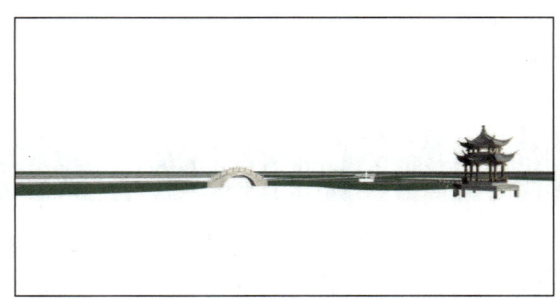

处理前　　　　　　　　　　　　　　　处理后

图 10-79　公园景观处理前后的效果对比

10.5　私人别墅周边环境表现

私人别墅作为休憩和度假的场所，大抵周边环境幽静雅致或别有情趣，它崇尚的是自然之气，讲究的是山水映衬之美，给人宁静、怡人的感受，能够让人在工作之余静静地享受生活。

本节讲述的是私人别墅周边环境的表现在后期处理中的技巧和方法。

如图 10-80 所示为私人别墅处理前后的效果对比。

可以看出，渲染的建筑处理前没有周边环境的映衬掩映之美，看起来并不生动，甚少联想到优雅景致。经过后期处理后，蓝天碧水，花草成趣，周围又有绿树环绕，非常漂亮。

本节案例的具体操作过程请观看教学视频。

处理前　　　　　　　　　　　　　　　处理后

图 10-80　私人别墅处理前后的效果对比

第 11 章

鸟瞰效果图后期处理

作为一种重要的建筑效果图类型，鸟瞰效果图通过透视感极强的三维空间表现出建筑的形体以及建筑与环境的关系，使整个建筑的形态、风格、外观和周边环境都一览无遗。

本章将通过两个大型的实例解析鸟瞰效果图后期制作的方法和相关技巧，细致讲解制作鸟瞰效果图的全过程，希望对初学者大有裨益。

鸟瞰效果图的表现一般不局限于单独的建筑个体，而是建筑群和自然景观的有机融合，但又突出本身想要表现的建筑主体，这和后期处理中，表现主建筑是不相违背的。它应用于城市规划较为普遍。我们常见的有住宅小区鸟瞰效果图、城市规划鸟瞰效果图、度假村鸟瞰效果图以及厂区、办公楼群的鸟瞰效果图等。

如图 11-1 所示为大型住宅小区鸟瞰效果图。

如图 11-2 所示城市规划鸟瞰效果图。

如图 11-3 所示为度假村鸟瞰效果图。

对于大多数建筑效果图初学者来说，由于制作鸟瞰效果图有一定难度，并且工作量巨大，经常感觉无从下手，其实只要理清了思路，掌握了方法和技巧，制作出具有专业水准的鸟瞰效果图并不是很困难的事情。

图 11-1　大型住宅小区鸟瞰效果图

图 11-2　城市规划鸟瞰效果图

图 11-3　度假村鸟瞰效果图

11.1　住宅小区鸟瞰效果图后期处理

住宅小区是比较常见的鸟瞰效果图类型，它主要表现的是小区建筑的规划与周围环境的关系。本节讲解的住宅小区鸟瞰效果图处理前后的对比如图 11-4 和图 11-5 所示。

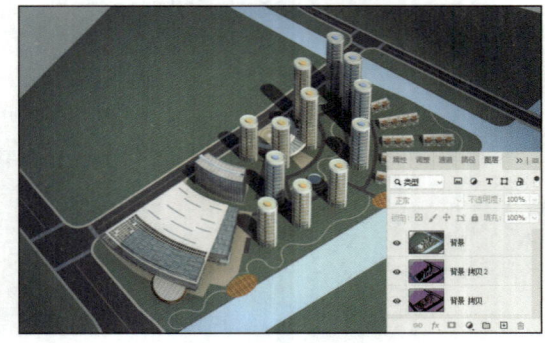

图 11-4　住宅小区鸟瞰效果图处理前

图 11-5　住宅小区鸟瞰效果图处理后

11.1.1 草地处理

01 运行 Photoshop 软件，按 Ctrl+O 快捷键，打开鸟瞰效果图初始文件"nk.psd"。里面包含了背景层和两个颜色材质通道，如图 11-4 所示。

02 选择"背景拷贝"图层，使用魔棒工具，单击如图 11-6 所示的红色区域。

03 切换到"背景"图层，按 Ctrl+J 组合键，复制草地区域，并以新的图层存在，如图 11-7 所示。

04 按 Ctrl+O 快捷键，打开配套资源给定的草地素材，如图 11-8 所示，将其移动复制到当前操作窗口。

图 11-6 "背景拷贝"选区示意图

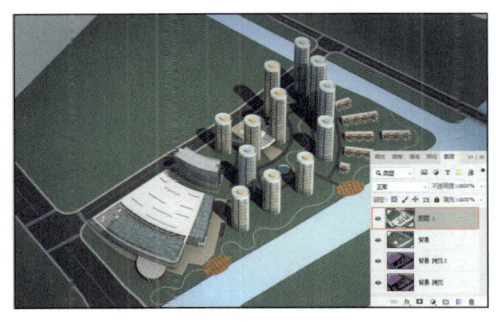

图 11-7 复制草地至新的图层

图 11-8 草地素材

> **技巧**：绘制选区，在任务栏中输入"草坪，风景摄影"，单击"生成"按钮，从生成结果中选择效果较好的一张图片，如图 11-9 所示，将其应用到案例制作中。

图 11-9 生成草坪素材

05 重命名该图层为"草地"图层。按住 Ctrl 键，单击草地缩览图，全选草地，然后松开 Ctrl 键，按住 Alt 键，拖动光标，在同一图层内完成草地复制，并使之铺满有建筑的区域，如图 11-10 所示。

06 为了使草地的层次丰富，我们可以将草地的颜色稍做变化。选择"背景拷贝 2"，使用魔棒工具，单击靠河流边缘的带状草地区域，建立如图 11-11 所示的选区。

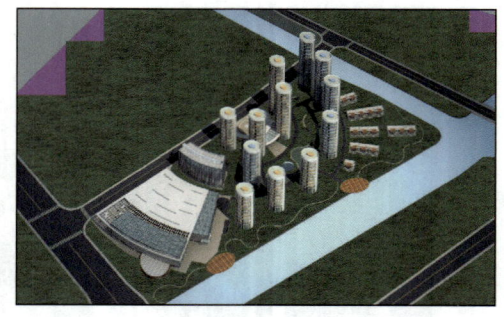

图 11-10　复制草地并铺满

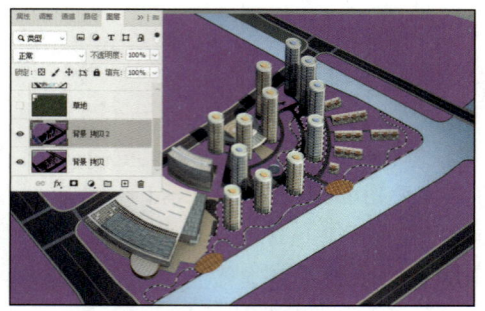

图 11-11　背景拷贝 2 选区

07 单击"背景拷贝 2"前面的眼睛按钮，将其隐藏。

08 切换到"草地"图层。按 Ctrl+B 快捷键，快速打开"色彩平衡"对话框，调节选区内草地的高光参数和中间调参数，分别如图 11-12 和图 11-13 所示。

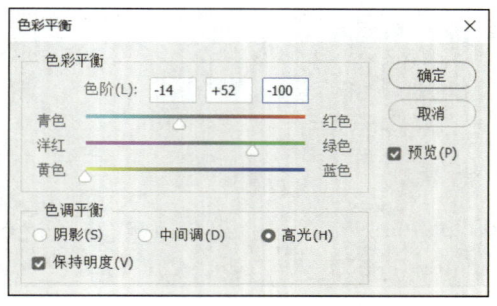

图 11-12　高光参数

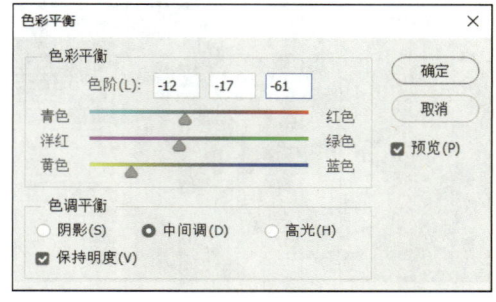

图 11-13　中间调参数

09 按 Ctrl+Shift+I 组合键，反向建立选区，调整另外的草地的高光参数和中间调参数，如图 11-14 和图 11-15 所示。

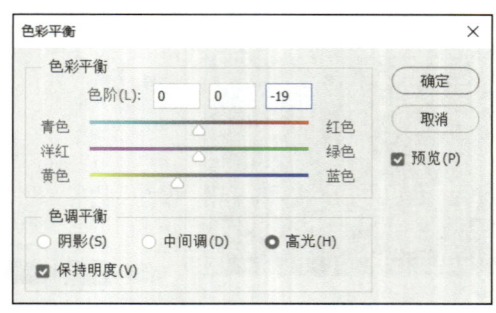

图 11-14　高光参数

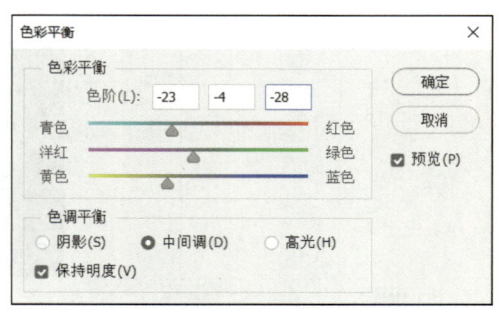

图 11-15　中间调参数

10 草地颜色的调整效果如图 11-16 所示。

11 从图 11-16 可以看出，草地的层次出来了，但是建筑物在草地上的投影部分被遮盖了，现在就来制作阴影。

12 选择"图层 1"，使用魔棒工具，设置容差为 1，取消"连续"复选框勾选，并设置取样大小为"3×3 平均"，然后单击草地上的阴影，建立选区如图 11-17 所示。

图11-16 草地颜色的调整效果

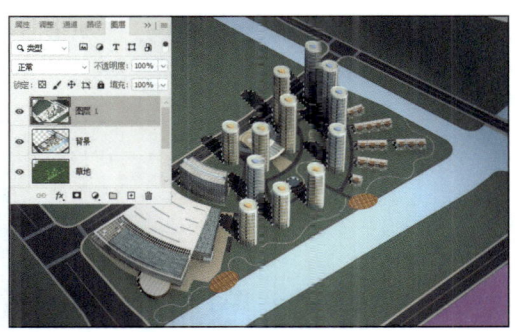
图11-17 阴影选区

⑬ 按Ctrl+J快捷键,复制选区阴影部分,重命名图层为"阴影"。
⑭ 更改图层混合模式为"强光"模式,"不透明度"更改为60%左右,阴影效果如图11-18所示。
⑮ 制作间隔色草地,最后效果如图11-19所示,下面讲解具体方法。

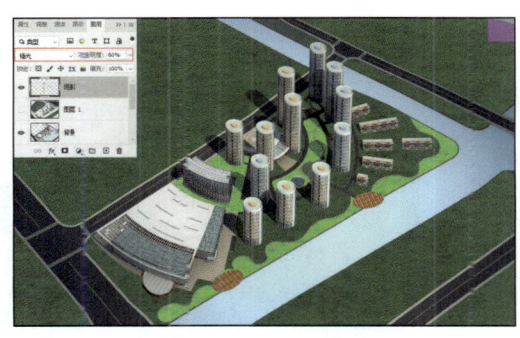
图11-18 阴影效果

图11-19 间隔色草地效果

⑯ 选择"草地"图层。使用矩形选框工具，在深色草地区域,随意绘制一个矩形选框。按Ctrl+J快捷键,复制一块深色草地。按Ctrl+B快捷键,在"色彩平衡"对话框中调整草地颜色,参数设置与图11-14和图11-15所示一致。
⑰ 按Ctrl+T快捷键,变换得到如图11-20所示的条状草地。
⑱ 按Ctrl+J快捷键,复制条状草地。按Ctrl+T快捷键,根据扇形屋顶的透视关系变换条状草地,如图11-21所示。

图11-20 条状草地

图11-21 变换条状草地

⑲ 以此方法制作剩下的草地，最后合并所有条状草地图层，重命名为"间隔色草地"，效果如图 11-22 所示。

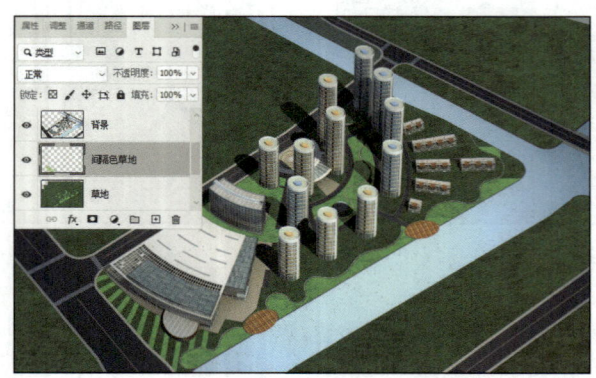

图 11-22　合并为间隔色草地图层

11.1.2　路面处理

① 选择"背景拷贝 2"图层，使用魔棒工具，单击图层中蓝色区域，如图 11-23 所示。

② 单击"背景拷贝 2"图层前面的眼睛按钮，将其隐藏。再切换到"背景"图层，按 Ctrl+J 快捷键，复制道路至新的图层，重命名该图层为"路面"。

③ 按 Ctrl+J 快捷键，再复制一份"路面"图层。按住 Ctrl 键，单击图层缩览图，将路面全选，然后执行"滤镜"|"杂色"|"添加杂色"命令，添加杂色如图 11-24 所示。

图 11-23　蓝色区域

图 11-24　添加杂色

接下来利用"加深"工具以及"减淡"工具对路面进行处理，模拟路面的真实效果。工具的参数设置介绍如下。

04 使用加深工具 ◉，设置"强度"为30%左右，范围选择"阴影"，如图11-25所示。对路面的中间位置以及边缘区域进行加深处理。按住Shift键不放，在起始点单击，再在结束点单击。

图11-25 加深参数设置

05 使用减淡工具 ◉，设置"强度"为80%左右，范围选择"高光"，如图11-26所示。

图11-26 减淡参数设置

06 路面颜色偏蓝、偏暗，所以也要对其颜色进行调整。按Ctrl+M快捷键，快速打开"曲线"调整对话框，将控制曲线调整至如图11-27所示的形状。

07 对路面车轮经过的区域进行减淡处理。同样按住Shift键不放，在起始点单击，再在结束点单击，效果如图11-28所示。

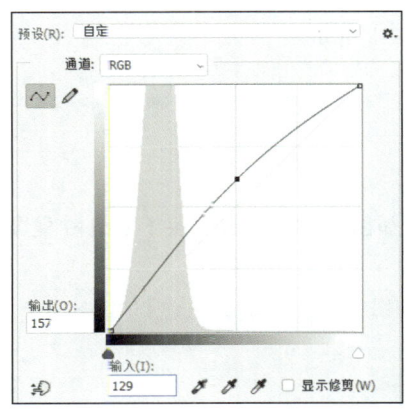

图11-27 "曲线"调整对话框

图11-28 路面加深减淡效果

08 按Ctrl+B快捷键，快速打开"色彩平衡"对话框，调整参数如图11-29所示。

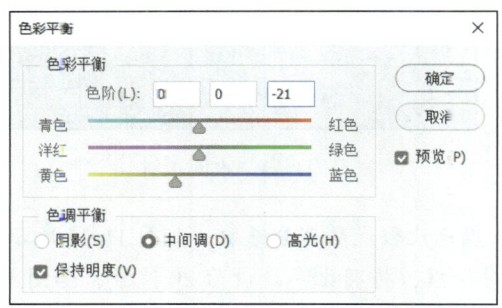
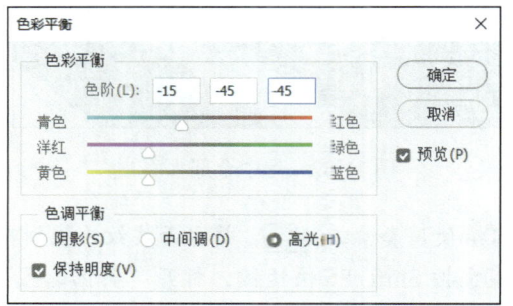

图11-29 调整参数

09 最后道路效果如图 11-30 所示。

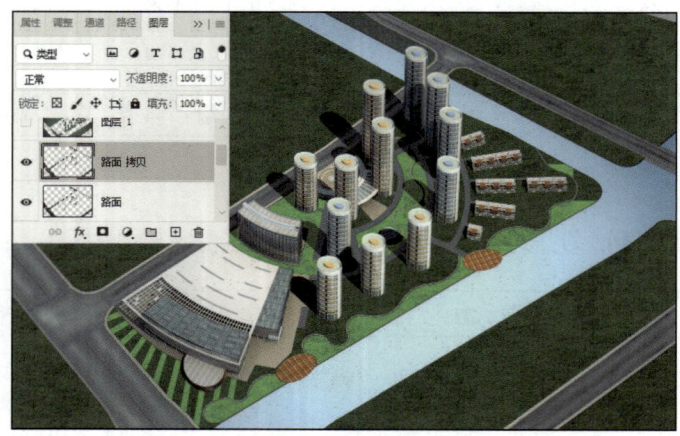

图 11-30　最后道路效果

11.1.3　制作水面

01 使用魔棒工具 ![], 将"容差"设为 10 左右, 如图 11-31 所示。

图 11-31　设置参数

02 单击"背景"图层中水面部分, 直到水面全部选中, 如图 11-32 所示。按下 Ctrl+J 键复制水面至新的图层, 重命名图层为"水面"。

03 按 Ctrl+O 快捷键, 打开配套资源给定的水面素材, 如图 11-33 所示。

图 11-32　选中全部水面　　　　　　　　图 11-33　水面素材

04 使用套索工具 ![], 将水面波纹比较细腻、颜色比较浅的部分选取, 如图 11-34 所示。

05 按 Shift+F6 快捷键, 打开"羽化选区"对话框, 将羽化半径设为 20 像素, 如图 11-35 所示。单击"确定"按钮, 关闭对话框。按下 Ctrl+J 快捷键, 复制水面素材。

06 将复制的水面素材移动复制到当前操作窗口, 将其置于"水面"图层的上方。

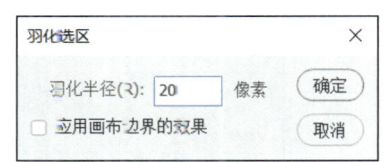

图 11-34 选取部分水面　　　　　　　　图 11-35 设置参数

07 执行"图层"|"创建剪贴蒙版"命令，隐藏多余的水面，移动水面素材到合适的位置，添加横向水面如图 11-36 所示。

08 按 Ctrl+J 快捷键，复制一层。按 Ctrl+T 快捷键，进入变换模式。右击，选择"垂直翻转"命令，制作纵向河流的水面效果，添加纵向水面如图 11-37 所示。

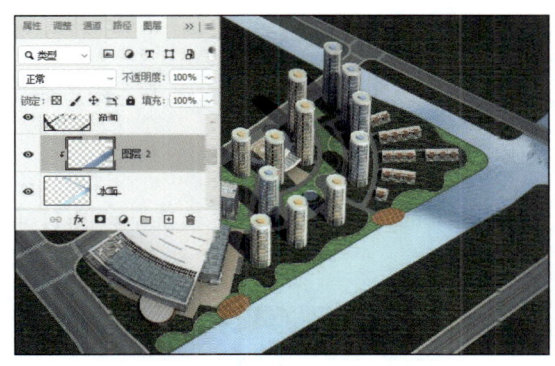
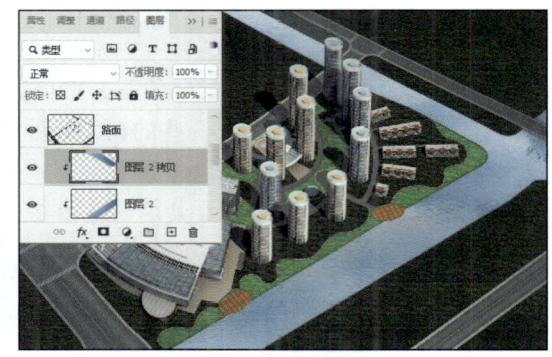

图 11-36 添加横向水面　　　　　　　　图 11-37 添加纵向水面

11.1.4 制作背景

01 按 Ctrl+Shift+N 组合键，新建一个图层。设置前景色为 #edf6e6，按 Alt+Delete 快捷键，快速填充前景色。

02 切换到"草地"图层。使用橡皮擦工具，设置参数如图 11-38 所示。擦除边缘部分，注意擦除的时候要随意，保证边缘线条流畅就可以了。

图 11-38 橡皮擦参数设置

03 执行"滤镜"|"锐化"|"USM 锐化"命令，将背景进行锐化处理，背景制作的最后效果如图 11-39 所示。

图 11-39　背景制作的最后效果

至此，住宅小区鸟瞰效果图的大体关系就基本确定了，接着就是细节的处理。这是一个小区的鸟瞰效果图，那么它和其他建筑的鸟瞰图做法是不同的，它的树种可以更丰富，可以间杂种植花丛、灌木等，表现形式比较自由，强调的是一种葱茏、茂盛的感觉，给人清新、舒适、温馨之感。

11.1.5　种植树木

种植树木同样是有先后顺序的，一般而言，先种植周边的树木，我们称之为"行道树"，再种植较大的树，然后种植小一些的树，最后种植灌木、花丛。

01 按 Ctrl+O 快捷键，打开配套资源给定的行道树素材，如图 11-40 所示。

02 将其移动复制到当前效果图的操作窗口，调整树木的高度，并沿道路种植，如图 11-41 所示。

图 11-40　行道树素材

图 11-41　种植行道树

> **注意**：在种植树木的时候，有时候会遮挡建筑，那么先要将这些地方用选择工具选出来，然后删除，使被遮挡的建筑露出来。

03 按 Ctrl+O 快捷键，继续打开配套资源给定的树木素材，如图 11-42 所示。

04 选择第一种树木，种植在如图 11-43 所示的位置。

图 11-42　树木素材

图 11-43　种植第一种树木

05 选择第二种树木，种植在如图 11-44 所示的位置。

06 选择黄色的树木，间隔地种在绿色树木之间，起到点缀作用，丰富画面的颜色，如图 11-45 所示。

图 11-44　种植第二种树木

图 11-45　间隔种植黄色树木

07 照此方法，种植其他的树木，种类相同的树木尽量放在一个图层里，这样便于后面的调整，树木大致种植布局如图 11-46 所示。

08 种植建筑中间道路的行道树。同样打开行道树素材，如图 11-47 所示。

图 11-45　树木大致种植布局

图 11-47　行道树素材

09 中间部分是全图的核心部分，里面的树木比周边的树木要显得更为真实，在这里我们主要通过调整树木颜色来表现中间的行道树的真实。

10 按 Ctrl+B 快捷键，打开"色彩平衡"对话框，设置高光参数，如图 11-48 所示。这样设置后，树木顶端的高光部分的颜色会变得偏黄，像是阳光照射到树顶产生的效果。

11 同样的方法，设置行道树的中间调参数，使整棵树的颜色也偏黄，这样与周围的其他树木可以区分开，树木的层次更清晰，参数设置如图 11-49 所示。

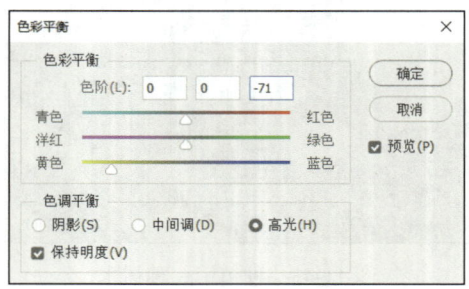

图 11-48　设置高光参数

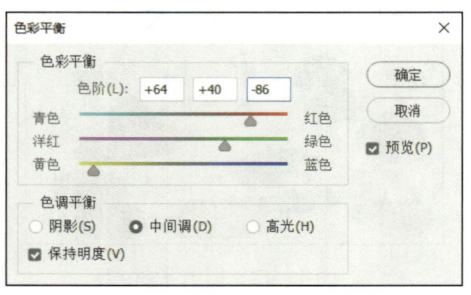

图 11-49　设置中间调参数

⑫ 最后调整效果如图 11-50 所示。

⑬ 将行道树移动复制到当前操作窗口。按 Ctrl+T 快捷键，调整树木的大小，沿着建筑之间的道路种植行道树，如图 11-51 所示。

图 11-50　最后调整效果

图 11-51　种植中间行道树

⑭ 调整树木的层次，较高树木所在的图层一般在较矮树木所在的图层上面，这样树木遮挡的层次效果才真实。

刚开始种植树木的时候，不需要太注重细节，先将树大致地种好，最后再检查树木遮挡建筑的情况。如图 11-52 所示，有些树种到建筑上了，很明显要将其删除。

⑮ 使用多边形套索工具，将建筑的轮廓勾勒出来。然后使用移动工具，将其置于种在建筑上的树木上面。单击，选择该树木所在的图层，按下 Delete 键将其删除，效果如图 11-53 所示，同样的方法处理其他建筑上的多余树木。

图 11-52　建筑上的树木

图 11-53　删除建筑上的树木

11.1.6 给水面添加倒影

01 按 Ctrl+O 快捷键，打开配套资源给定的倒影素材，如图 11-54 所示。

图 11-54 倒影素材

02 将倒影素材移动复制到当前操作窗口。按 Ctrl+T 快捷键，旋转图像，使之与河岸平行，如图 11-55 所示。

03 更改图层的混合模式为"强光"。

04 使用橡皮擦工具，将边缘衔接生硬部分擦除，倒影效果如图 11-56 所示。

图 11-55 旋转倒影

图 11-56 倒影效果

11.1.7 制作周边环境

01 按 Ctrl+O 快捷键，打开背景素材，如图 11-57 所示。

02 使用套索工具，绘制选区，并执行"羽化选区"的操作，将"羽化半径"设置为 100 像素，如图 11-58 所示。

图 11-57 背景素材

图 11-58 绘制选区并羽化

03 将选区内的图像移动复制到当前操作窗口，置于"图层2"下面。拖动光标，沿道路边缘复制，制作道路边缘植被茂盛的山体，如图11-59所示。

04 制作云雾效果，如图11-60所示。

图11-59　道路边缘山体效果

图11-60　云雾效果

鸟瞰效果图场景配景众多，难免会出现颜色和色调不协调的情况，此时应在图层面板的顶端添加颜色调整图层，统一整个图像颜色和色调。

05 单击调整面板上的色彩平衡按钮，创建色彩平衡调整图层。在属性面板上调整中间调，参数分别设置为"–6、0、+10"，选择"保留明度"选项，最后效果如图11-61所示。

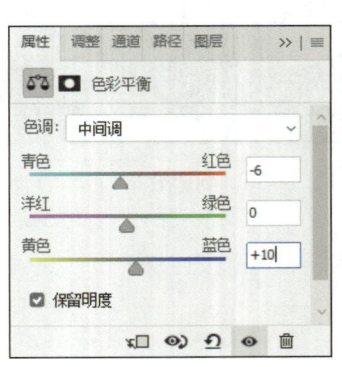

图11-61　住宅小区鸟瞰效果图的最后效果

11.2　遗址景观鸟瞰效果图后期处理

鸟瞰效果图的类型很多，看起来纷繁复杂，做起来思绪容易混淆，其实不然。鸟瞰图的制作，最重要的是要把握思路和方法，无论是前面讲解的住宅小区鸟瞰效果图的处理，还是本节即将讲解的遗址景观鸟瞰效果图的后期处理都是一样的，处理前都要先确定好思路，这个思考的过程很重要。

处理前后的效果图对比，如图11-62所示。详细的操作过程请观看教学视频。

通过完成效果图可以看出，鸟瞰效果图并不要求每一个细节都处理得细致入微，它强调的是大关系的把握。这里运用了抽象、虚化的背景来衬托整个大的场景，将视觉重点指向画面的中心建筑。建筑周围则以大量的树木和蜿蜒生动的水体加以着重刻画,在虚实的对比中,达到突出表现主体建筑的目的。

处理前　　　　　　　　　　　　　　　　处理后

图 11-62　处理前后的效果图对比

第 12 章
特殊效果图后期处理

有些时候，为了表现建筑设计师的主观意识，更好地体现建筑风格，需要表达一种特殊的意境，让人们更真切地了解设计师对该建筑项目的设计构思，以使那些对常规表现方法不是很满意的甲方豁然一亮，这就是特殊效果图。

本章将重点介绍建筑表现中常见的夜景、雪景、雨景等特殊效果图的制作方法。

12.1 特殊效果图表现概述

总地来说，特效效果图大致可分为两类：一类是为表现某种特定场景面制作的效果图，如夜景、雨景、雪景、雾天等特殊天气状况；一类是为了展示建筑物的特点，通过夸张的色彩、造型等内容来表现的效果图。

如图 12-1 所示的民居效果图，为了体现江南民居的特色，采用了雨景的表现手法，粉墙黛瓦，烟云笼罩，建筑与环境自然融合，柔美的画面风格和淡雅的整体色调，展现出一幅雨中江南的美丽景象。

图 12-1　民居雨景效果图

如图 12-2 所示的建筑效果图，为了展示建筑物的特点，通过夸张的色彩和简约、水墨画风格的配景，体现出该图书馆建筑的特色。

图 12-2　水墨画风格建筑效果图

如图 12-3 所示的建筑效果图，完全将画面作为山水画来处理，既表现了建筑环境的特点，又体现了建筑自身的特色。

图 12-3　山水画风格建筑效果图

12.2 夜景效果图表现

夜景效果图在各种效果图中是最绚丽的一种，是体现建筑美感的一种常见表现手段。夜景效果图的主要目的不是表现出建筑的精确形状和外观，而是对建筑物在夜景的照明设施下的形态、整体环境等内容进行展示。它能够很好地吸引人们的目光，可用于展示效果和销售推广，如图 12-4 所示为比较典型的夜景效果图。

图 12-4　夜景效果图

本节以某高层写字楼为例，介绍夜景效果图的处理手法，如图 12-5 和图 12-6 所示为处理前后的效果。

图 12-5　处理前的渲染图像　　　　　　图 12-6　后期处理效果

12.2.1 分离背景并合并通道图像

01 按 Ctrl+O 快捷键，打开 3ds Max 渲染输出的高层写字楼图像，如图 12-5 所示。该图像灯光和质感比较平淡，夜景气氛不够突出，需要在后期进行重点调整。

02 使用魔棒工具，在图像上单击深蓝色的背景，建立选区，如图 12-7 所示。

03 执行"选择"|"反选"命令，反向建立选区，选择建筑及地面部分，如图 12-8 所示。

图 12-7　建立选区　　　　　　　　图 12-8　反向建立选区

04 按Ctrl+J组合键，将选区内的对象复制到一个新的图层，并重命名为"写字楼"，如图 12-9 所示。

05 选择"写字楼"图层。按Ctrl+L快捷键，打开"色阶"对话框，将高光和暗调滑块向中间移动，整体增强图像的明暗对比，如图 12-10 所示。

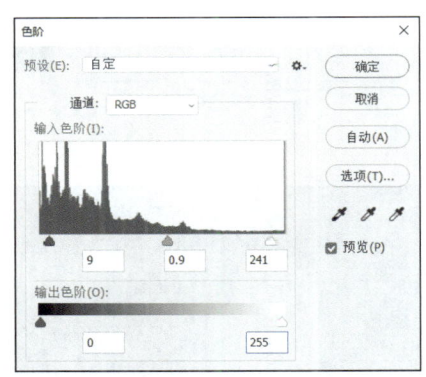

图 12-9　创建并重命名图层　　　　　图 12-10　"色阶"对话框

06 打开配套资源提供的"天空 01.jpg"图像，拖动复制到效果图窗口。按Ctrl+T快捷键，调整大小和位置，如图 12-11 所示。为整幅夜景图像确定一个颜色基调，便于对建筑材质进行调整。

07 打开"天空 02.jpg"素材，将其拖动复制至"天空 01"图片的上方。更改图层的混合模式为"正片叠底"，设置图层"不透明度"为 80%，得到如图 12-12 所示的颜色和色调都更为丰富的夜景天空效果。

 技巧　绘制选区，在任务栏中输入"黄昏的天空，风景摄影"，单击"生成"按钮，从生成结果中选择合适的图片，如图 12-13 所示，应用到案例制作中。

08 按Ctrl+O快捷键，打开配套资源提供的写字楼通道文件，如图 12-14 所示。

09 按住Shift键，将写字楼通道图像拖动到效果图的窗口。在图层面板中调整图层的位置，并重命名为"通道"，如图 12-15 所示。

201

图 12-11　添加天空背景

图 12-12　夜景天空效果

图 12-13　生成天空素材

图 12-14　打开写字楼通道文件

图 12-15　重命名图层

12.2.2　墙体材质调整

3ds Max 渲染输出的写字楼图像亮面和暗面的对比不够突出，使整幅效果图缺少视觉冲击力。下面分别对建筑亮面和暗面进行调整。

01 选择通道图层，使用魔棒工具，在选项栏中设置参数，如图 12-16 所示。

图 12-16　设置参数

02 选择写字楼的墙体，建立选区如图12-17所示。

03 选择"写字楼"图层，按Ctrl+J组合键，将选区内的墙体复制到一个新的图层，如图12-18所示。

图12-17 建立选区

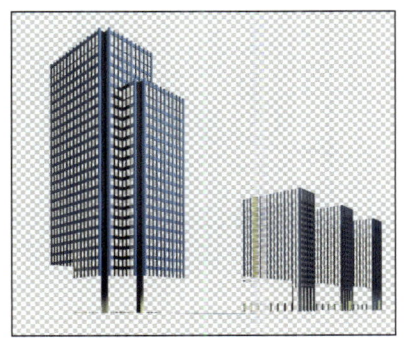
图12-18 复制墙体

04 重命名新图层为"墙体"，如图12-19所示。

05 选择"墙体"图层，使用矩形选框工具，选择亮面墙体区域，如图12-20所示。

图12-19 重命名新图层

图12-20 选择亮光墙体区域

06 执行"图层"|"新建调整图层"|"曲线"命令，创建曲线调整图层。将控制曲线向上弯曲，如图12-21所示，自动生成一个调整图层蒙版。

07 按Shitf+Ctrl+G键，创建剪贴蒙版，使曲线调整图层只对处于其下方的"墙体"图层产生影响。

08 使用渐变工具，在蒙版中从上至下填充黑白线性渐变，使墙体的亮度从上至下逐渐减弱，得到自然的退晕变化，如图12-22所示。

09 选择"墙体"图层。使用减淡工具，设置参数如图12-23所示。

10 在右上角区域拖动光标，制作墙体的高光效果，如图12-24所示。

11 继续选择建筑的暗面墙体区域，执行"图层"|"新建调整图层"|"曲线"命令，在"曲线"属性面板上调整参数，将曲线向下弯曲，如图12-25所示。降低暗面墙体的亮度，使之与亮面墙体形成强烈的明暗对比。

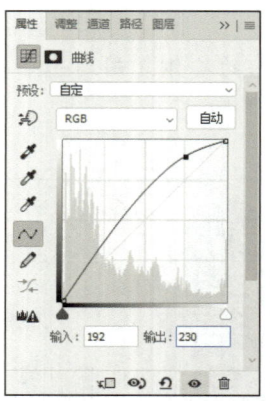

图 12-21 "曲线"调整

图 12-22 在蒙版中填充渐变

图 12-23 设置参数

图 12-24 制作墙体的高光效果

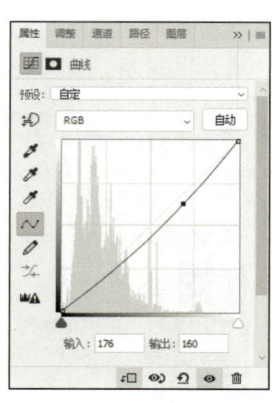

图 12-25 调整参数

⑫ 调整完毕后,关闭"曲线"属性面板,得到"曲线2"调整图层,如图12-26所示。按Ctrl+Alt+G快捷键,创建图层剪贴蒙版,使其效果仅影响下方的图层。

⑬ 使用同样的方法,调整右侧建筑的亮面和暗面墙体的材质,如图12-27所示。

图 12-26 创建曲线调整图层

图 12-27 调整右侧的建筑墙体

12.2.3 窗户玻璃材质调整

01 使用通道图像,将玻璃材质从建筑图像中分离,得到"玻璃"图层,如图12-28所示。

02 使用减淡工具,提高部分窗户玻璃的亮度,制作部分房间开启灯光室内被照亮的效果,如图12-29所示,增强夜景的气氛。

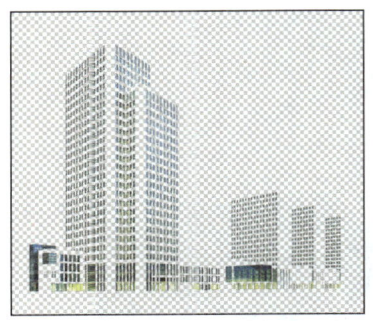

图 12-28　分离玻璃材质　　　　　　图 12-29　提高部分窗户玻璃亮度

03 打开配套资源提供的商铺室内图片,将其拼接复制,覆盖写字楼第一层的区域,如图12-30所示。

图 12-30　拼接复制商铺室内图片

04 调整图层的叠放次序,将室内商铺图片移动至窗户玻璃图层上方。按Ctrl+Alt+G快捷键,创建剪贴蒙版,玻璃外的室内图片被隐藏,得到第一层的室内效果,如图12-31所示,降低图层的"不透明度"为55%。

图 12-31　第一层的室内效果

05 玻璃材质调整完成。

12.2.4 添加配景

01 添加写字楼后方的建筑楼群，再添加写字楼左侧夜景楼群，如图 12-32 所示。

02 添加写字楼右侧夜景楼群和树林图像如图 12-33 所示，夜景场景树林图像应降低亮度和对比度。

图 12-32　添加后方和左侧楼群

图 12-33　添加右侧楼群和树林图像

03 继续添加写字楼前方的树木和路灯配景，如图 12-34 所示。路灯光晕可以使用 Photoshop 的画笔工具来绘制，只需分别选择"圆形"和"十字形"笔刷即可。

图 12-34　添加树木和路灯配景

04 添加汽车和路面配景，降低汽车和路面的亮度，如图 12-35 所示。

图 12-35　添加汽车和路面配景

05 为了模拟出行驶汽车的灯光效果，在路面上添加配套资源提供的光束图像，设置图层的"不透明度"为 60%，如图 12-36 所示。

图 12-36　添加光束图像

06 添加人物图像，完成写字楼夜景的配景添加，如图 12-37 所示。人群具有引导视线的作用，画面中的人物涌向写字楼的入口，随着人群的动向将观众视线引向重点。

图 12-37　添加人物图像

12.2.5　最终调整

01 使用画笔工具，在选项栏中设置"不透明度"为 40%，设置前景色为 #eadac5，在写字楼一层位置涂抹，绘制一条光带，如图 12-38 所示。

图 12-38　绘制一条光带

02 设置图层的混合模式为"颜色减淡"，"不透明度"为 30% 左右，模拟地面及写字楼一层被路灯照亮的效果，如图 12-39 所示。

03 在图层面板顶端新建一个图层。使用画笔工具，设置前景色为黑色，在画面底端绘制出树影效果，将视觉中心引向画面中心的建筑，如图 12-40 所示。

04 选择图层面板顶端图层为当前图层，按 Ctrl+Alt+Shift+E 快捷键，合并所有图层。

图 12-39　设置图层的属性

图 12-40　绘制出树影效果

05 执行"滤镜"|"模糊"|"高斯模糊"命令，设置"模糊半径"为 5 像素左右。

06 设置图层为"柔光"混合模式，设置"不透明度"为 50% 左右，如图 12-41 所示，使图像更加清楚，明暗变化更为丰富。

07 夜景写字楼后期处理全部完成。

图 12-41　设置图层模式

12.3 植物效果图表现

为了给读者提供一种创作思路,提升展现建筑效果图的美感,这里将介绍几种表现出的植物效果手段,一种是利用素材合成植物效果图,另外一种是利用渲染程序直接渲染出来的植物效果表现图。

12.3.1 素材合成表现植物效果图

本书介绍利用素材合成植物效果图的方法,从效果图可以看出,这是一个情况水墨的仿古建筑,在充满了古典气息的场景中,最适合的是一幅唯美的植物效果图,以营造出图片的优美诗意。如图12-42和图12-43所示,其细腻的画作展现效果更加完美耐看。

图12-42 水墨画

图12-43 水墨画

12.3.2 渲染器渲染植物效果图

学习了用素材合成植物效果图之后,本书来学习其渲染出的植物效果转化为水墨植物效果图,最终效果如图12-44所示。其细腻的画作展现效果更加完美耐看。

图12-44 植物渲染的最终效果

12.4 图章效果图案制作

用照片制作的图案在方寸有限的画中并不多见,但是作为一种情怀纪念留存,有其独特的魅力。图册保存不易持久,一旦遗失,用照片制作成为印象水墨的居民建筑,它起让拥有一番天气,特别是给拉予出美丽传承的继承美丽在深入人的视觉。

用照片制作效果如图12-45所示,其制的图像作品更具视觉艺术完视觉。

图12-45 用照片制作效果